U0175765

青少年网络素养读本·第2辑　　　罗以澄　主编

人与智能化社会

REN YU ZHINENGHUA SHEHUI

王继周　著

宁波出版社

NINGBO PUBLISHING HOUSE

总　序

　　互联网技术的快速发展和广泛运用为我们搭建了一个丰富多彩的网络世界,并深刻改变了现实社会。当今,网络媒介如空气一般存在于我们周围,不仅影响和左右着人们的思维方式与社会习性,还影响和左右着人际关系的建构与维护。作为一出生就与网络媒介有着亲密接触的一代,青少年自然是网络化生活的主体。中国互联网络信息中心发布的第47次《中国互联网络发展状况统计报告》显示,我国网民以10—39岁的群体为主,他们占整体网民的51.8%,其中,10—19岁占13.5%,20—29岁占17.8%,30—39岁占20.5%。可以说,青少年是网络媒介最主要的使用者和消费者,也是最易受网络媒介影响的群体。

　　人类社会的发展离不开一代又一代新技术的创造,而人类又时常为这些新技术及其衍生物所改变。如果不能正确对待和科学使用这些新技术及其衍生物,势必受其负面影响,产生不良后果。尤其是青少年,受年龄、阅历和认知能力、判断能力等方面局限,若得不到有效的指导和引导,容易在新技术及其衍生物面前迷失自我,迷失前行的方向。君不见,在传播技术加速迭代的趋势下,海量信息的传播环境中,一些青少年识别不了信息传播中的真与假、美与丑、善与恶,以致是非观念模糊、道德意识下降,甚至抵御不住淫秽、色情、暴力内容的诱惑。君不见,在充满魔幻色彩的网络世界里,一些青少年沉溺于虚拟空间而离群索居,以致心理素质脆弱、人际情感疏远、社会责任缺失;还有一些青少年患上了"网络成瘾症","低头族""鼠标手"成为其代名词。

2016年4月19日,习近平总书记在网络安全和信息化工作座谈会上指出:"网络空间是亿万民众共同的精神家园。网络空间天朗气清、生态良好,符合人民利益。网络空间乌烟瘴气、生态恶化,不符合人民利益……我们要本着对社会负责、对人民负责的态度,依法加强网络空间治理,加强网络内容建设,做强网上正面宣传,培育积极健康、向上向善的网络文化,用社会主义核心价值观和人类优秀文明成果滋养人心、滋养社会,做到正能量充沛、主旋律高昂,为广大网民特别是青少年营造一个风清气正的网络空间。"网络空间的"风清气正",一方面依赖政府和社会的共同努力,另一方面离不开广大网民特别是青少年的网络媒介素养的提升。"少年智则国智,少年强则国强。"青少年代表着国家的未来和民族的希望,其智识生活构成要素之一的网络媒介素养,不仅是当下各界人士普遍关注的一个显性话题,也是中国社会发展中急需探寻并破解的一个重大课题。

网络媒介素养既包括对媒介信息的理解能力、批判能力,又包括对网络媒介的正确认知与合理使用的能力。为此,我们组织编写了这套《青少年网络素养读本》,第二辑包含由五个不同主题构成的五本书,分别是《网络语言与交往理性》《人与智能化社会》《数字鸿沟与数字机遇》《以德治网与依法治网》《网络强国与国际竞争力》,旨在帮助青少年读者看清网络媒介的不同面相,从而正确理解和使用网络媒介及其信息。为适合青少年读者的阅读习惯,每本书的篇幅为 15 万字左右,解读了大量案例,以使阅读与思考变得生动、有趣。

这套丛书是集体才智的结晶。作者分别来自武汉大学、中央财经大学、中南财经政法大学、湖南财政经济学院、怀化学院等高等院校,六位主笔都是具有博士学位的专家学者,有着多年的教学与科研经验;其中几位还曾是媒介的领军人物,有着丰富的媒介工作经验。写作过程中,他们秉持知识性、趣味性、启发性、开放性的原则,不仅带领各自的学生反复谋划、研讨话题,一道收集资料、撰写文本,还多次深入社会实践,倾听青少年的呼声与诉求,调动青少年一起来分析自己接触与使用网络的行为,一起来寻找网络化生存的限度与边界。因此,从这个层面上说,这套丛书也是他们与青少年共同完成的。

作为这套丛书的主编之一,我向辛勤付出的各位主笔及参与者致以敬意。同时,也向中共宁波市委宣传部、中共宁波市委网信办和宁波出版社的领导,向这套丛书的责任编辑表达由衷的感谢。正是由于他们的鼎力支持与悉心指导、帮助,这套丛书才得以迅速地与诸位见面。青少年网络媒介素养教育任重而道远,我期待着,这套丛书能够给广大青少年以及关心青少年成长的人们带来有益的思考与启迪,让我们为提升青少年的网络媒介素养共同出谋划策,为青少年的健康成长共同营造良好氛围。

是为序。

罗以澄

2021 年 3 月于武汉大学珞珈山

目录 CONTENTS

总　序　　　　　　　　　　　　　　　　　　　罗以澄

第一章　智能化社会从哪里来

第一节　从农业化社会到工业化社会　　　　3

一、农业化社会及其特征　　　　3

二、工业化社会及其特征　　　　10

第二节　从媒介化社会到智能化社会　　　　20

一、媒介化社会及其特征　　　　21

二、智能化社会的到来　　　　29

第二章　欢迎来到智能化社会

第一节　人工智能:撬起智能化社会的一个支点　43

一、什么是人工智能　　　　44

二、人工智能与智能化社会的来临　　　　51

三、智能化社会中的"物"是如何"思考"的　　　　57

第二节　人工智能的三位先驱　　　　　61

一、从"神童"到"电子计算机之父"：冯·诺依曼　61

二、"人工智能之父"：艾伦·麦席森·图灵　66

三、"信息论之父"：克劳德·香农　69

第三节　不可错过的人工智能大事件　　74

一、"奇点"的提出　　74

二、"深蓝""沃森"的胜利　　76

三、谷歌阿尔法狗与围棋冠军李世石之战　81

第三章　智能化社会中的日常生活

第一节　当无人驾驶汽车驶进人类社会　87

一、无人驾驶汽车的登场　　88

二、什么是无人驾驶汽车　　92

三、无人驾驶汽车的利与弊　93

第二节　智能家居如何改变生活　　96

一、比尔·盖茨的"未来屋"　97

二、智能家居的巨头们　　100

三、智能家居正在改变生活　105

四、智能家居的安全漏洞　106

第三节　当餐饮遭遇人工智能　108

一、"刷脸吃饭"重塑饮食体验　109

二、外卖机器人配送到家　110

第四节　智能化媒体　112

一、你认识"小封"吗　113

二、智能化媒体的成长之路　116

三、虚实之间的 VR　119

第五节　聊天机器人　125

一、与"小冰"的一次聊天　126

二、"小冰"及其家庭成员　127

三、令人不安的聊天机器人　128

第四章　智能化社会中的困扰与应对

第一节　智能化社会中的困扰　133

一、算法歧视　133

二、隐私侵犯　139

三、"我们"有权被遗忘吗　143

四、数字鸿沟与数字素养　145

第二节　智能化社会中困扰的应对　　　　151

一、人工智能监管机构的成立　　　　151

二、国内外人工智能治理经验　　　　153

三、将人工智能装进伦理的筐　　　　160

参考文献　　　　165
后记　　　　167

第一章 智能化社会从哪里来

主题导航

① 从农业化社会到工业化社会

② 从媒介化社会到智能化社会

目前，人类已经开启了人工智能之旅，步入了智能化社会。让我们走进人工智能的神奇世界，一起探寻人工智能给我们日常生活带来的改变和种种意想不到的影响吧。在惊叹人工智能将人类的在世存有推向一种难以置信的新场景的同时，一起触摸智能化社会中或隐或现的忧虑与无奈吧。

在开启这场曼妙的旅行之前，我们有必要一起看看人类社会从古至今主要走过了哪些社会形态。谈论这一问题不能割裂智能化社会与农业化社会、工业化社会、媒介化社会之间的历史渊源。

请注意！这里我们将人类世世代代所寓居的社会主观性地划分为农业化社会、工业化社会、媒介化社会、智能化社会等不同的发展阶段，并不是说在工业化社会中农业就不存在了，在媒介化社会中工业就不存在了，在智能化社会中，农业、工业等就不存在了，采取如是划分是想表达在这些不同的社会形态中存在着不同的主角和主导。也就是说，在这四种不同的社会形态中，农业、工业、媒介、人工智能分别是它们的主角，它们之间是叠加共存，而不是彼此替代的。

第一节　从农业化社会到工业化社会

你知道吗？

时至今日，农业依然是人类社会系统中最古老却也最具生命力的社会要素。农业为人类提供生活必需品，是人类生存繁衍的生态链，是农业文明延续的唯一途径。生产力与科学技术的发展构筑起现代工业，劳动分工是其主要特征，农业化社会中的原生环境与社会组织被改变。

一、农业化社会及其特征

农业是人类社会系统中最古老却也最具生命力的社会要素。农业与人类的生存息息相关，是人类依托自然环境创造的母体产业。当来自大自然的诸如水、果实等直接馈赠难以有效满足人类生存的需求体系时，借助于工具或技术开发，人类在与自然界的互动过程中催生出了农业。

（一）人类生存依赖自然环境，农业生产是人类生存的基本方式

农业化社会以农业生产为主导，农业生产依赖自然环境。人

类从猿类进化而来，对自然环境的依赖性较强，空气、阳光、水、生物等都是人类生存与繁衍的重要构成部分，而农业是人类得以生存的天然保障。

古罗马时期，大法官瓦罗（M.T.Varro）的《论农业》一书讲述了意大利居民经营农业选取地点的故事，其中有益于身体健康是重要的考察标准之一。农业生产是一种依托自然环境、供氧丰富的体力活动，是人类演进过程中基本的生命代谢方式，是直接同自然界进行能量互换的产业，也是人类存续生命能力的最优方式。人类在劳动生产中的肢体活动与呼吸都会增强人类身体器官的机能。现代医学对一些长寿村的调查研究也表明，自然条件、劳动方式及饮食习惯等都是影响人类寿命的重要因素，多数长寿老人都是农业劳动者。在对话体空想社会主义小说《乌托邦》一书中，英国著名政治家托马斯·莫尔（Thomas More）指出理想的"乌托邦"社会中，人们不仅要学会毛织、冶炼等手艺，更要不分男女，所有人都参加社会生产劳动。

资料链接

日常生活中，我们常会提及"乌托邦"这个词，意指无法实现或难以实现的理想、生活状态等。这便是《乌托邦》一书的贡献。《乌托邦》原书是用拉丁文写的，完成于1516年。这本书是英国16世纪著名人文主义者和政治家托马斯·莫尔的成名作。

农业生产为人类供应食物,正如德国伟大的思想家、政治家、革命家卡尔·马克思(Karl Marx)所言:"食物的生产是直接生产者的生存和一切生产的首要条件。"食物能够维系人类的生存,食物短缺则会引发疾病与痛苦。人类最初依靠采集植物果实和狩猎获得能量,而后经历对植物和动物的驯化,便有了较为稳定的粮食种植与家畜饲养,农业因而成为人类生存的根本产业。回顾农业社会历史,农业为人类提供食物的能力不断增强,养活的人口数量也不断增多。公元前5000年左右,世界人口约为2000万人;公元元年达到2.3亿;20世纪中期达到24.86亿。[1]这足以表明农业生产能够满足人类日益增长的食物需求,农业生产有着强大的生命力。

社会不断演进变革。从单纯的供给到营养全面均衡,农业的食物供应体系不断延伸与拓展。营养饮食的含义仍在继续演进:粮食安全保障是基础,膳食营养日趋多元化。社会形态无论如何演进,都离不开农业生产。农业生产不仅为人类提供食物,还是人类保暖御寒的基本来源。不论是从最初的穿戴树叶蔽体,还是到后来的养蚕缫丝,农业生产都为人类提供了必需的取暖材料,保障了人类生命的延续。

---

[1] 1996年世界食物大会(WFS)签署《世界食物安全罗马宣言和行动计划》(*Rome Declaration on World Food Security and Plan of Action*),将食物安全定义为:"任何人在任何时候都能得到食物,并且在数量、质量和种类上都保证充分营养,在既定的文化中能被接受。"

（二）农业生产时间具有弹性，农余活动渐生人文环境雏形

农业社会发展进程缓慢，营造了一种相对稳定、朴素、平衡的气氛，人们有着明哲适度的生活哲学，人与人之间的交往基于淳朴热情的天性，与物质积累无关。农民是农业生产的主体，农业生产过程的特殊性决定了独特的乡村生活模式。法国社会学家孟德拉斯（Henri Mendras）在《农民的终结》一书中指出，农业生产过程有其自身的特殊性。一般而言，受多重因素影响，农业生产与农作物增值这两个过程很难保持一致与同步。农作物作为农业生产的对象、生物体，有其自身的生长规律，生物体个体的增大或总体的增量是农业生产收益增加的关键。这就与工业生产的对象——无生命的原材料，有着极大不同。工业生产通过改变原材料的结构形态或性质实现产品的同步增值。另一方面，农作物的生长是一个较缓慢的增值过程，农业生产也因此成为一种充满弹性时间的劳动，与工业生产连续的劳动和人为的周期控制不同，于是劳动者在生产过程中兼而展开了一些农余活动。这就丰富了农业社会的生活气息与娱乐活动，也赋予了农业生产一定的生活情趣，例如一些文学作品中就描绘了田园生活与归隐之意。

充满弹性时间的劳动生产过程丰富了农业社会的生活气息与娱乐活动。首先，在自然经济为主导的农业社会，农业生产结构要满足农民的生活需求，农民的生活需求决定了农业生产结构。农户家庭对食物的需求日趋多元，这就使得农业生产不断

调整结构,发展出种植、养殖、手工、加工相结合的复合型农业结构。从五谷杂粮到鸡鸭鱼羊再到生活居住等,各方面都有所涉及,男耕女织的农业生产结构逐步建立起来。其次,农活时间受家务活动时间支配,农业生产时间具有一定的弹性。除了忙种抢收时节,农户可以根据家庭生活来安排农活。当家里有大事发生时,农活劳动力就可能会因此减少。第三,农业生产生发娱乐活动。以农业聚居为主要形式的群体劳动,使得劳动者可以一边干活一边聊天,进而形成某种社会协作关系网。朱怀奇编著的《人类文明史·农业卷·衣食之源》中提到,在农业集体劳动中,逐步出现鼓舞精神、统一步调、释放身体负重的号子,这些号子而后被提炼成山歌或民谣。时至今日,我国多地仍保留着在农业活动中唱山歌的习俗,可见山歌与农业生产的关联十分密切。

除此之外,在古老农业生产及相关活动中伴生的仪式,仍是一些国家和地区的传统。如在农产品收获后,美国的感恩节、俄罗斯的农田日、波兰的丰收节、葡萄牙的农业节等都是农事活动的延续。南美多个国家的丰收节都已成为国家的法定节日,这与其从古代印第安时代就有的农业传统密不可分。秘鲁将每年的11月24日定为丰收节,并在当年印加帝国的首都库斯科举行庆祝活动,因为这个日子在当地被视为太阳神因蒂的生日。庆典活动按照当年印加人太阳节的仪式流程来举行。秘鲁人希望通过举办庆生活动向太阳神祈祷并感动太阳神,让他继续普照大地,让万物得以生长。每到这一节日更是会吸引大批的游客前去参观。[1]

（三）农业演进始于人类需求，农耕经验延续促进人类文化传承

农业是人类创造的最古老的文化系统，它同时孕育着多种文化子系统，如农耕文明、农业手艺、风俗习惯等。农业生产的主体是农业劳动者，农业劳动者发明了各种农耕工具改造自然。建筑文化因农业劳动者的定居需要逐渐成熟，根据河姆渡遗址的考古发现，农业社会中比较接近现代住房建筑的是干栏式长屋——上层住人，下层圈养家畜。随着粮食产量的增加，人们又建造了贮藏用的仓房。原始祖先为了生活便利，还发明了用于饮食的陶器等。这些原始文明大都以具象的物质形式呈现，便利了人们的生活。农业在丰富了物质文化的同时也孕育了精神文明。据东峰《中国古代传统农学学理内涵与启示》一文，在原始农业文明中，人类自身的智慧与经验不足，他们把从自然界收获更多食物的愿望，寄托在对影响农业生产的土壤、水流、阳光等自然因素的崇拜上，由此可以追溯农耕生活中的一些风俗习惯。人类农业文明就始于这些原始文化元素，尽管这些元素现在看来显得尤为朴素，但是这些元素在人类整个文化体系的发育及发展过程中起着基础性作用。

农耕文化是农业的必然产物，是农业社会最古老的文化传承之一，它既包括农业生产过程中物质资源的调度，如水利灌溉、作物栽培、农时节气等，又包括农产品交易制度、田赋制度、重农政

---

[1] 浙江新闻.地球的故事｜世界各地庆丰收节 [EB/OL].https://zj.zjol.com.cn/news.html?id=1037163.

策等生产关系的分配,还包括农业生产观念、农业经营思想等精神方面的文化。农耕文化需要农业的保护与延续,其机理在于人类的生存不能离开农业的食物供给,而农业生产需要依据农耕文化才能更好地进行。如在法国南部塞维内生物圈保护区,气候恶劣,土壤贫瘠,山坡陡峭。当地农民为防止土壤被雨水冲刷流失,把山坡中的石头挖出来砌成地堰,逐步把山坡改造成梯田。现在这些梯田已发展成为可供旅游观赏的景观,梯田里种植的果实和香料植物,被打上统一的有机标识出售。梯田的修造与维护需要具有一定技术和经验的石匠,当地管理机构便定期举办培训班,传承文化,培养新石匠。[1] 值得注意的是,塞维内古梯田的修复靠的是当地农民的技艺,而不是建筑学家。人类社会的延续离不开农业,农耕文化的核心要义不会随着时代的变革而消逝,只会融入一些新的元素来保障美好生活。

当农业社会发展到一定阶段时,人们便会在追求实用性的基础上开始追求审美元素,农村手工艺产业由此而生。以男耕女织的家庭生产为主要方式的小农经济在满足家庭需求后,手工制作业就兴起了。农村的成年男子为了提升生活质量,都会学习几门手艺。石艺、木艺、泥艺等手工艺产业兴起,传承手工艺的人成为匠人。这种手工艺的传承不仅仅是制作技术与工艺品的传承,更是一种精神的传承。在没有工业制造的环境中,农村中的生活住

---

[1] [法]多迪埃·莱库内.法国农民修梯田[J].科技潮.2000(11):96.

房及道路设施都是由匠人制造的,制造技艺精巧复杂,需要拜师学艺、熟能生巧。匠人在农业社会中供不应求,农村手工艺因此得以传承。手工艺的传承是出于农业社会的农民为了更好地生活,农业习俗则是农业社会中已经较为稳定且连续的精神文化的延续。不论是依农耕节气而产生的生产活动习俗、节日饮食或服饰佩戴的生活习俗、乡规民约的交往习俗,还是图腾崇拜的信仰习俗,

资料链接

在中国古代社会中,人们以二十四节气为参照来安排和指导农业生产活动。作为一种历法,二十四节气具体为:立春、雨水、惊蛰、春分、清明、谷雨、立夏、小满、芒种、夏至、小暑、大暑、立秋、处暑、白露、秋分、寒露、霜降、立冬、小雪、大雪、冬至、小寒、大寒。

都是农业社会中满足人们精神生活的文化形式。农民在农业生产中的经验积累与生产规律总结是农业习俗的重要构成部分,这些农业习俗在后续的农业生产实践中不断得到验证并延续价值。如牧区的游牧习俗中的季节性迁徙以保护牧草不被毁坏,就是农业习俗的价值体现与传承。

二、工业化社会及其特征

工业革命拉开了工业化社会的大幕。18世纪中后期,在商

业地位领先的英国较早发生了我们所熟悉的工业革命。以英国为原点,工业革命迅速向法国、德国等欧美国家扩散。这就是我们所说的第一次工业革命,一般认为,第一次工业革命标志着人类从此迈进了工业化社会,农业化社会开始加速向工业化社会转变。

工业革命是以技术的进步或新机器的发明与应用为内在驱动力的。弗里德里希·恩格斯(Friedrich Engels)曾在著名的《英国工人阶级状况》一文中记录了当时新技术或新机器的诞生对人类社会带来的巨大影响,部分内容照录如下:

由于这些发明(指水力纺纱机、动力织布机、蒸汽机等),机器劳动在英国工业的各主要部门中战胜了手工劳动,而英国工业后来的全部历史所叙述的,只有手工劳动如何把自己的阵地一个跟一个地让给了机器。结果,一方面是一切纺织品迅速跌价,商业和工业日益繁荣,差不多夺得了一切没有实行保护关税的国外市场,资本和国民财富迅速增长,而另一方面是无产阶级的人数更加迅速地增长,工人阶级失去一切财产,失去获得工作的任何信心,道德败坏,政治骚动以及我们将在这里加以研究的对英国有产阶级十分不愉快的一切事实。

在过去的农业化社会里,具象的东西构成了人类生活和经济的循环。在工业化社会中,工业制造是通过改变劳动对象的形态与性质实现生产与增值的。生产关系要适应生产力的发展，这是人类社会发展的普遍性规律。

（一）技术应用使生产摆脱自然资源束缚，工业化和城市化日渐兴起

机器的发明和应用是工业社会的标志，由此而生的一系列技术革命实现了手工劳动向动力机器生产的巨大转变，完成了规模化生产取代个体作坊、机器取代人力的转变。技术的革新始于人们需求的变化，两次工业革命的兴起极大地促进了新技术的发明与应用，并将这些新技术输送至其他国家，进而引发了世界范围内的技术大革命。新技术的应用使得工厂的选址摆脱了河流动力的束缚，在人口密集地聚集起各种资源，工业化和城市化几乎同步兴起。一般而言，如果工业聚集在城市，可以使得工业生产过程中离散的态势转为一体化过程，这将在一定程度上降低工业专业化生产的协作、运输以及沟通成本，这种工业生产的地理上的聚集在特定历史时期有着特殊的优势。另一方面，物质资源的远距离运输环节省去，生产周期极大缩短，生产效率也因此提升。但是，工业化社会初期的交通运输及通信仍不发达，运输量小、运输速度慢，通信方式主要是信件、报纸等，交流并不畅通，生产成本也因此不能降到最低。

第二次世界大战后，随着交通和通信设施的高速发展，物资和信息加速流通，运输费用降低，汽车运输逐渐取代铁路运输，喷气宽体式客机波音747、洛克希德·马丁公司的L-1011更是以

接近音速的速度进行人力及物资的传输。连接卫星的新通信技术使管理者与生产者能在世界的不同位置完成设计及生产任务。通信技术的发展创造了宽容的技术环境,使得空间的距离无限缩短,不同行业之间、管理与生产之间都可以实现空间分离,真正意义上的协调性生产在世界市场范围内进行。例如,通用(GM)、克莱斯勒(Chrysler)、福特(Ford)三家汽车公司是美国汽车行业的三巨头,企业的资本和所有权集中,它们的决策会给美国北部地区带来很大影响,工厂向南部及海外转移已成为企业发展趋势。科学技术不但繁荣了技术环境,更大大提升了工作效率,让更多的劳动力走下流水生产线,走出工厂,从事服务性工作。以美国为例,两次工业革命促使其形成了完整的工业体系,随着科学技术的持续推进,更多的新型制造业和服务行业被创造,传统制造业的支配性地位不复存在,欧美发达国家逐步从工业社会向后工业社会(Post-Industrial Society)[1]过渡,大批劳动力开始转向服务业,如金融、娱乐、运输管理等。

传统生产业的衰落和新兴制造业的兴起,自动化和信息化的逐步普,微电子技术、生物技术及空间技术等技术的持续发展,使生产效率提高,制造行业的劳动力雇佣锐减,更多劳动力流向服务行业,如计算机服务、信息咨询等。就拿美国来说,服务行业

---

[1] "后工业社会"这一概念由美国社会学家丹尼尔·贝尔(Daniel Bell)提出,主要是指服务性经济将取代产品生产经济,专业技术人员将处于主导地位,理论知识将是社会革新的源泉,智能技术将是未来技术发展的方向。

被迅速拉动,服务业占国民生产总值的比重不断提升,从 1950 年的 54.7% 上升到 1980 年的 62.27%。而制造业的产值虽逐年增加,但其占国民生产总值的比重却不断下降(见表 1-1),这体现了美国工业生产的效率在提升,也表明了美国的产业结构在发生变化。不仅仅是美国,世界范围内的工业化进程都是在技术的推动下开始的,且伴随着技术的不断升级,劳动力逐渐被解放,生产结构日趋优化。

表 1-1   1963—1985 年美国制造业产值及其占国民生产总值的比重

年份	制造业总产值 (单位:十亿美元)	占国民生产总值比重 (单位:%)
1963	168	28
1967	223	27
1972	293	24
1978	519	23
1979	562	22
1980	581	21
1985	796	20

(数据来源:美国商务部人口普查局《美国统计摘要》。U.S. Department of Commerce, Bureau of the Census : Statistical Abstract of the United States, Washington D.C., 1986, P.722.)

(二)生产结构日趋完善,生产关系依附资本权力

在一些学者看来,工业革命是一场社会关系的革命。在新技术的应用与巨大价值的创造之中,地缘限制被摆脱,资本主义世界统一市场逐步形成,资产阶级的统治地位进一步确立,劳动关系成

为社会中最基本的关系。法国政治学家让－皮埃尔·戈丹（Jean-Pierre Gaudin）认为，在工业社会中，工业化和市场化使得劳动变得商品化，生产者与生产资料分离，各种生产要素以企业组织或商品交换的形式结合，劳动者与劳动组织（工厂或企业）的合作关系基于一定的契约关系而确立。劳动力素质提升，科学技术日新月异，这些都悄然地促进了社会生产结构的改变，行业门类增多，社会分工细致多元，社会系统复杂开放，人与人之间开始出现异质化分层。人类的需求层次结构是社会精神结构的组成部分，与生产力水平相关。依据马斯洛（Abraham Maslow）的人类需求层次理论，人类的需求由低级到高级分为生理、安全、交往、尊重和自我实现五类。农业社会中的人类更多追求的是衣、食、住、行等基本的生存需求，此时人类的交往需求服务于单功能的农业生产。在生产力水平提升与生产工具革新的基础上，生产能力空前提升，物质产品非常丰富，为满足基本的温饱需求而劳作的人数大量减少，人们的社会活动跳出聚居地，开始培育血缘关系之外的社会关系。

工业社会中的人们脱离了依靠传统感情维系的初级群体，进入依靠组织章程与法律法规维系且不受情感因素影响的科层组织，社会竞争激烈而残酷，物质利益成为社会环境中的交往因素。人们开始向高级需求迈进，情感在利益至上的工业社会中成为稀缺资源，人们更渴望沟通与交谈、忠诚和友谊、伙伴和朋友。工业社会为人们的发展提供了条件，获得财富和地位的人日渐增多，人与人之间开始出现财富地位与阶层的划分，人们开始重视自身的角色与社会地位,承认个人价值的人越来越多,平等尊重他人的人越来越少。因而人们都渴望自身的能力与获得的成果能够得到社会的认可,个人的贡献和地位能够得到社会的尊重,进而感受到自身存在的价值和意义。此外,在工业社会中,人们都希望能够实现自我价值,希望能以最完整、最有效的方式来展现个人能力,在自我实现的过程中获得最和谐、最完美的存在状态。李·泰勒(Lee Taylor)认为对工业社会中的劳动个体而言,个人价值得以实现并得到社会的认可是最为理想的一种状态。劳动个体与社会建立起的稳定的经济联系才是最基本的关系,也是工业社会稳步前进的风向标。

工业社会中的劳动关系与劳动个体的福利需求及经济利益密切相关,它反映着劳动者的社会地位及个体间相互关系的变化,衡量着劳动者的生活水平及工作福利状况,重要而又敏感。在市场和利益最大化的作用下,工业社会劳动关系体系中“强资本、弱劳动”的趋势不断蔓延,作为劳动关系主体的劳动者的地位不断被边缘化,他们不得不依附于资本的权力而使自己的权力不被侵害。[1]作为弱势群体的他们,有时甚至会采取极端的方式反抗,罢工、游行、讨薪等劳动关系冲突事件不断见诸媒体,这些都表明了工业化进程中的劳动关系是带有一定的尖锐性和矛盾性的,如何实现劳动关系的社会“善治”成为工业社会的一项新任务。

---

[1] 钱宁.劳动关系治理与工业社会秩序的建构 —— 社会治理创新背景下的企业社会工作 [J].社会工作.2014(1):11–17.

（三）市场流通与生产要素分配推动全球化，社会发展不确定性增多

全球化并非工业时代的独有特征。丝绸之路将欧亚大陆联结在一起，繁荣了交通，促进了贸易，这是人类历史上第一次全球化，是农牧社会的全球化。在工业社会的进程中，人类不断发明新的工程技术，生产能力快速提升的同时也产生了生产过剩危机，率先发起工业革命的西方发达国家为消耗过剩产能，开始了海外殖民地的扩张，尽管带有侵略色彩，并最终在被殖民国家的抗争运动中终结，却可以看作是工业社会全球化的开端。而后起工业国家与老牌工业国家在利益不平衡等多重政治、经济因素的作用下爆发了世界大战。战后，市场流通与生产要素分配开始深入发展，国际资本流动与国际贸易互通成为推动全球化的主要力量。人类社会的复杂性和不确定特征也开始凸显，社会控制技术也在复杂社会关系的演变中取得突出进步。这是社会发展的必然结果，也是通过将人类不同历史阶段的发展相比较才会显现出来的社会特征。

值得注意的是，世界资本与贸易的全球化并不意味着资源的平等配置。简单来说，几乎世界上每个国家和民族都经历了农业社会的历史阶段，却在工业社会的进程中呈现出不平衡发展。欧美国家率先进入工业社会时，亚洲国家才开始进行资产阶级革命或工业化改造，工业发展进程缓慢。特别是北非、中东等地区，在十八、十九世纪之交未能抓住资产阶级革命的机遇，沦为西方国家的殖民地。尽管在民族解放运动中独立，但是在生活方式及

社会治理方面回到了农业社会阶段;尽管有欧美工业化进程的样板,但是强行复制其他国家的制度模式并没有成功。只有积极地找寻既适合自身发展又紧跟时代潮流的制度模式或治理方式,一个国家才能走上健康发展道路。直到二十世纪的七八十年代,部分现代化亚洲国家才开始加速工业化进程,而此时欧美发达国家已开始出现后工业化趋势,并深受其困扰了。亚洲国家受全球化和后工业化的共同影响,不得不面对后工业化这一全球范围内的社会现实。后工业化打开了社会发展高度复杂和不确定的"魔盒",工业社会中的人们不得不面对来自社会的风险以及频发的危机事件。

互联网不仅仅是我们获取信息的工具与平台,更是全球化的推动力量。互联网从出现到普及的时间虽不长,却给世界带来了巨大变革。但相对于人类社会的发展,互联网的发展还处于"原始社会",所以,互联网上仍会出现一些不文明的现象。工业社会中的互联网应用向我们展现了"虚拟世界"的发展前景,开启了人类工业化发展的新征程。就世界而言,没有人类的时候,是浑然一体的自然世界。依据达尔文(Charles Robert Darwin)进化论的思想,人类出现在自然界的演进过程中,并由此产生了人类社会,因此人类的生活与生产是在由自然界与人类社会共同构成的世界中完成的。因此,工业社会的全球化不能仅考虑人、自然资源、资本等因素的配置,不是人类对自然世界的征服与保护。想要通过资本配置实现利益最大化,还要注重互联网技术营造的线上"虚拟世界"这一新的变量。

科学技术是工业社会发展的重要支撑,在工业社会的发展进程中,科学技术日新月异,突破了人类的想象,且科技与成果间的转化已不再留给我们太多惊叹的时间,我们还将看到更多的技术成就出现。从这些新技术成就中,我们感受到了人的创造力正在得到前所未有的展现,"一切皆有可能"的前景并不遥远。

第二节　从媒介化社会到智能化社会

💡 你知道吗？

可能聪明的你已经发现，在农业化社会中，农业是社会的主要塑造力量，在工业化社会中，工业是社会的主要建构者。那么，显然，在媒介化社会中，媒介将成为社会发展过程中的主角。"农业"和"工业"都是比较易于理解和意会的概念，相较之下，"媒介"显得有些晦涩。其实，在我们的日常生活中，任何用来描绘社会现象或社会存在的术语或概念都处在不断变化的动态过程之中，不同的历史背景、社会状况、文化差异等会赋予同一概念不同的意涵和解释。

就拿媒介化社会中的"媒介"而言，在这里，"媒介"更多是指大众传播媒介和现代传播技术。大众传播媒介主要包括报纸、广播、电视、电影、图书、杂志、互联网等，新媒介形态层出不穷，如微博、微信（群）、QQ（群）、贴吧、网络论坛、网络短视频，等等。

从更一般的意义上而言，如果你询问一个哲学家"什么是媒介？"德国著名哲学家海德格尔（Martin Heidegger）可能会告诉你,"媒介"即"居间",也就是处于中间位置的存在,它的功能是可以使两个看似毫无联系或缺少联系的人或物产生关联。其实,这种观念明显带有古希腊哲学家亚里士多德(Aristotle)的影子。在亚里士多德看来,我们的眼睛中有水,我们要看见,离不开眼中的水;在我们与物体之间有空气,我们通过空气感知物体的存在,"水""空气"便是媒介。

工业化社会为人类的持续发展打下了坚实的物质基础,而互联网及信息技术的变迁汇聚,则让人类进入与社会互动的文化模式,信息和意义的流动成为"我们"社会架构的基本线索。信息的采集、制作与传播需要依赖特定的媒介,人们经由媒介获取信息,了解外部世界全貌,消除对生存环境的不确定性。当人们不能经由直接经验获取一手信息时,便会诉诸不受时空限制的现代媒介。随着人们对信息的需求不断增大,信息流通成为社会运转的基础保障,社会政治、经济、文化系统的发展都离不开信息系统的支持。此外,信息系统汇聚各种社会关系信息,人们各取所需,使社会关系网有序运行。

一、媒介化社会及其特征

新媒介技术是媒介化社会的核心,媒介化社会的发展与媒介技术的革新紧密相关。媒介技术产品推陈出新,博客、微博、微信等媒介形态不断融入人们的生活,从最初的生活"奢侈品"变为生活"必需品"。我们的生活正在融进以新媒介技术为核心的媒介化社会之中。

(一)媒介技术促进媒介形态更迭,媒介融合是媒介化社会的技术支撑

每一种社会文明的衍生都有其独特的发展轨迹,媒介化社会的形成与发展与媒介的发展紧密相关。一方面,社会主流意识形态文化的传承需要媒介这一载体,另一方面,社会主流意识形态影响着媒介的传播内容。媒介化社会是媒介技术变革促使社会信息系统发展而形成的一种社会形态。

复旦大学的童兵教授用"无处不在、无所不能、利弊共存、潜能无穷"16 个字概括了媒介化社会的特点,他认为无论是网络媒体,还是手机移动媒体,未来的作用、未来的市场前景深不可测。[1] 需要指出的是,媒介技术的更新迭代会不断衍生出新型媒介,但这并不意味着旧有媒介的消亡,新型媒介也不是旧有媒介的简易叠加,而是各媒介要素有机融合后整合到新的传播形态之中,实现从低级传播方式向高级传播方式的转变。1946 年世界上第一台计算机在美国问世,1969 年实现多台计算机互联对接,二十世纪六十年代互联网诞生,二十一世纪的到来开启了 Web 2.0 互联网加速发展的时代等,这些都是媒介要素融合的时代印记。媒介

[1] 林溪声,刘鹏.技术促进共享 媒介建构秩序 ——"媒介化社会与当代中国"学术研讨会综述 [J].新闻记者,2009(11):81-84.

技术的革新与媒介"质"的融合直接影响了媒介化社会的形成。

新媒介技术的迭代以吸纳传统媒介的优势为基础,进而推动了传统媒介融合发展,促进了媒介传播功能的多样化与社会服务功能的多元化。不同媒介的融合不仅仅是不同媒介形态的聚合,更要打破不同媒介形态间的壁垒,成为媒介化社会进行融合信息生产与传播的平台。加拿大著名媒介学家马歇尔·麦克卢汉(Marshall McLuhan)曾说:"媒介即信息。"不同的传播方式在相互竞争中协调发展,记录了社会的本源。手抄报的出现曾为人们消除对周围环境的不确定性发挥了巨大作用,印刷技术的发展与定期出版制度的确立为人们互通信息、互通有无提供了极大便利。广播的出现曾一度让报纸遭遇前所未有的危机,但对整个社会发展而言,却加速了信息流通与社会互动。电视的出现同样给广播和报纸造成了空前冲击,但电视仍被誉为"二十世纪最伟大的发明之一",这表明电视给社会带来的影响和意义是空前的。互联网的出现虽然给旧有媒介带来一网打尽般的紧张感,事实却是旧有媒介并未消亡,新旧媒介在协调与适应下共存。当前的传媒格局正是在不同媒介形态取长补短、互相借鉴下形成的,不同媒介形态间的竞争已成常态化,而形成相对平衡的局面才是不同媒介形态的生存与发展之道。不同媒介的形态融合与内容渗透日渐深化,共同建构起信息生产与互通的传播渠道。

互联网的普及与数字化的兴起让信息的传播有了共通共享的平台,媒介形态的融合最终会将不同的媒体内容汇聚成一个观点大市场。印刷、广播、电视、网络形态的融合,再加上互联网、广电网、电信网的聚合,甚至是基于数据、信息共享的,开放型的技术平台型媒体,都丰富了信息传播渠道,同时大大提升了信息的传播与渗透能力。总之,不同媒介形态的融合,极大地推动了社会的媒介化进程。需要指出的是,媒介化并不仅仅是指基于媒介信息的传播方式,它可以延伸至媒介服务领域,囊括影响媒介信息的生产与消费。媒介技术的革新与形态的融合发展使得信息生产突飞猛进,并由此推动了内容生产的革新。新的信息消费市场更好地满足了受众的多元需求,甚至由于信息量的激增,受众难以分辨信息的真伪。但不可否认的是,媒介的融合使信息的生产与传播过程都焕然一新。媒介技术与内容的融合,在媒介服务的基础上推动了整个社会资源的聚合。

(二)媒介支撑社会信息系统运转,信息环境作用于个体认知与行为

媒介化社会是建立在诸多媒体相互兼容与高度融合基础之上的多元化传播时代,是一个将人际传播、组织传播和大众传播相互叠加、有机组合而形成的新型传播阶段。在美国麻省理工学院媒体实验室的创办人尼古拉斯·尼葛洛庞帝（Nicholas Negroponte）看来,媒介化社会中的第一世界和第三世界、富裕者和贫困者、信息富裕者和信息匮乏者的差异不再微乎其微。媒介化社会中的人们被传媒所包围,大量信息蜂拥而至,使人们无法辨识自身处境是媒介营造的信息环境还是客观现实社会。

媒介化社会的发展与时代的进步相关,媒介是继信息后的又一突出的社会表征,人们愈加感知到媒介与信息在社会发展中的重要作用 —— 媒介不仅是支撑社会信息系统运转的工具,更是社会信息环境的重要构成,其影响力不容忽视。传媒,作为信息传播的媒介,会对公众的社会认知、情感导向与社会行为都带来影响。随着媒介化社会的持续发展,这种影响甚至会渗透到政治、经济、文化等宏观的社会运行系统中。媒介化社会中的传媒已不再局限于单纯的信息交流功能,巨大的信息传播网络与受众对媒介的依赖,使得媒介能够影响受众思想观念与意识形态的建构。

媒介对社会最直接的影响体现在拟态环境的建构上。当代传媒为人们提供信息的速度更快、品类更多,不断满足着人们的现实需求,而其所营造的信息环境对现实环境产生了影响,在潜移默化中模糊了信息环境与现实环境的界限。媒介化社会的突出特征就是对信息环境的重构。传媒在社会信息系统的运行及社会的良性互动方面起着重要作用,而媒介化社会的发展又会推动传媒技术的革新与其影响力的扩大。近代以来的工业革命以及十九世纪的交往革命的发生,迅速改变了社会互动关系模式。工业化的持续推进为人类积累了丰厚的物质储备,人们开始追求精神层次的交往,媒介恰好为人们搭建起了基于信息互动的精神交往平台。媒介化社会中的信息系统逐步深入到生活中的各个领域,人们不再为获取第一手信息焦头烂额,人们在精神交往层面讨论的社会议题内涵有所提升。人们参与社会的方式不再局限于生产,人们有了权利意识,也开始追求精神层面的充实。媒介,作为人与人互动的必经路径,既是个人信息往来的私人空间,也是公共意见表达的公共领域。

(三)互联网强势介入媒介化社会进程,媒介使用与社会阶层相关

互联网元素是媒介化进程中最为关键的部分,它提升了媒介在社会的卷入程度,使得媒介社会化的趋势愈加明显。尽管媒介技术不断革新,但人始终是媒介化社会中的核心,人类认识世界及创造世界的能力与成就不可忽视。人类对信息的不断追求是媒介发展的持续动力,多元化的媒介又提升了整个社会媒介的聚集度,增加了人们的媒介消费时间。互联网对人们生活状态的影响不仅仅是在信息的获取方面,还有社会交往、娱乐休闲、公共参与等方面,由此形成了基于互联网的爱好分享群、网络依赖群、旅游街拍群、网络商务群等一系列不同形态的群组。这些网络群组的建设与维系不需要个人投入过多成本,群组成员通过话语言说表达个人诉求的同时亦能寻求到某种存在感。群组成员之间没有固定的亲疏关系与利益取舍,而是基于共同的兴趣爱好,或对某一议题感兴趣而聚集。匿名发声的特性会让人们记住印象深刻的观点,这使得群组成员更愿意表达真实的观点。当某一观点得到越来越多的人的呼应时,就会形成一股意见流,这股意见流与社会某一议题相关时,群组内的观点就会迅速扩散至群组外,

人类对信息的不断追求形成了一系列不同生活形态的群组

被社会所关注,甚至可能会推动某一议题向更深层次发展。

微博是媒介化社会进程中的一枝独秀,不仅给人们带来了极为便利的网络使用体验,更在弥合阶层隔阂起到了重要作用。微博大 V 通常都拥有海量粉丝,这除了与其观点表达和话语风格有关,还与其能够更加理性地认知社会现状、剖析某一议题相关。他们基于微博平台发起的爱心公益活动,如爱心午餐、救助尘肺病人、关注留守儿童等,都显示了他们对弱势群体的关怀,这种关怀也得到了社会的广泛认同与支持,但是也不乏一些撕裂社会和谐的乱象发生。可见,新媒介技术的使用是有阶层区分的,而这种区分早在十九世纪就已出现。针对不同阶层对互联网的使用状况及其带来的社会影响,卡茨曼(Nantan Katzman)展开了对新传播技术发展的研究,提出了"信息沟"理论:新传播技术采用将带来整个社会的信息流通量和信息接触量的增大,这对每一个社会成员来说都是如此;新技术的采用带来的利益并非对所有社会成员都是均等的。[1]这一状况在当前社会仍然存在,新媒介的使用仍存在阶层区分,这种区分将有助于防止产生阶层分化的恶果。

互联网在某种程度上可以看作是社会子系统与技术子系统相结合的产物,互联网开放与共享的特性让公众的社会参与性空前提升,社会结构与新媒介技术的交互作用正在显现。一方面,

---

[1] 郭庆光. 传播学教程 [M]. 北京:中国人民大学出版社,1999:232.

媒介技术的持续发展与社会整体物质水平的不断提升让智能移动终端得以普及,人们介入互联网更加便捷,网络使用时长与频次也因此增加。另一方面,互联网正在更广泛、更深层地介入社会。互联网对社会的介入不仅仅在于聚集观点后形成的意见合力,还有人们日常生活中使用互联网的习惯,搜索、购买、记录等一系列习惯形成时,互联网也悄然成为人们生活的一部分。值得注意的是,基于互联网的新媒介的兴起,对传统社会而言,不仅具有创新发展之意,更可能带来解构,打破现有的单一秩序体系,让个人意识也变得更加多元。新技术环境下新媒介的使用及其人际交往都与阶层意识相关,媒介化社会的进程及其落地会影响公众的主观意识,个人意识的形成对社会发展的重要性不言而喻,人们客观的社会位置及其认知与行为之间的逻辑构造是通过影响人们的主观阶层认同来实现的。

二、智能化社会的到来

科技进步是社会发展的持续动力,如果将工业社会所创造的成果视为全球的四肢和肌肉,早期的信息化视为全球的神经元,复杂的技术集成视为全球大脑中枢,那么当前的云计算、人工智能及大数据的飞速发展,都在预示着全球大脑功能的日渐完善。二十一世纪后半叶,全球将进入“拟人化发展”阶段,这表示人类可以借助特定的技术手段(虚拟现实、全息影像、人工智能、神经

资料链接

中国大数据发展已基本形成京津冀区域、长三角地区、珠三角地区和中西部地区四个主要聚集发展区。京津冀区域以北京为主导,辐射带动天津、河北大数据发展,该区域大数据发展集聚程度相对较高。长三角地区形成了以江苏为龙头、各省齐头并进的格局。珠三角地区则以广东为依托,以明显优势居全国首位。中西部聚集区包括四川、湖北、陕西、重庆和贵州5个省市,该地区以发展水平分别位列全国第八、第九的四川和湖北为代表。

(来源:《中国大数据区域发展水平评估白皮书(2020年)》)

传感等),给整个社会的发展配置"拟人化"的智能系统,让全球互动与联结拥有仿生和神经反应能力,推动人类社会的全面互联与感知。

(一)智能化产品样态丰富,借助科技之力延伸人的能力

智能移动终端的普及与互联网的繁荣使人类获取信息的方式更为便捷多元,智能移动终端设备普及率的提升与人们互联网使用时长的逐年递增,使智能移动终端设备已融入人们的日常生活。互联网技术的持续发展与媒介形态的不断革新,让人们开始摆脱对手持移动设备的依赖,从而解放了双手。智能化社会的智能移动终端从物理形态上来看,已经从单一的电脑、平板、手机,

从农业化社会到工业化社会到媒介化社会到智能化社会

发展到眼镜、手环、手表、衣服等可穿戴形态,曾让人观望的高端科技创新产品开始走入"寻常百姓家"。普华永道(PwC)2014年发布的可穿戴设备专项调研报告显示,未来可穿戴设备将会给社交媒体、娱乐业、游戏、零售等行业带来前所未有的变革,预计到2017年,可穿戴设备市值将超过60亿美元。可穿戴设备这一媒介形态不仅在物理形态上与手持移动终端设备不同,更能最大限度地简化人机交互方式,使用者最为基本的心跳脉搏、大脑神经、语言动作都可通过可穿戴设备的集成芯片的传感器实现信息交互。可穿戴设备能够及时且不间断地进行传感反馈,如对个人的健康及运动数据进行监测、分析,做出相应反馈,并将相关数据进行共享。

可穿戴设备极大地缩短了人与媒介的交互周期,以分钟、秒为交互频率。更为重要的是,可穿戴设备直接与人的身体联结,人的身体也因此成为"智能终端"。麦克卢汉说过,媒介是人的延伸。报纸延伸了人的眼睛,广播延伸了人的耳朵,电视同时延伸了人的眼睛和耳朵,计算机延伸了人的大脑,可穿戴设备则全面延伸了人的感官,它将人与生俱来的身体机能延伸,且通过传感设备、技术手段等收集人体数据,为使用者提供个性化、定制式、人性化的感知体验。可穿戴设备对人体的延伸不是毫无温度的外在感官化存在,人创造媒介,媒介是人的精神、身体的延伸,改变着人的生存方式,重构了人认知世界的方式。麦克卢汉注重将媒介技术与人的感官相连,人体原本的器官或感官机能经由媒介技术而被放大或强化。而这种技术媒介与人体相联结的趋势在莱文森（Paul Levinson）看来是媒介逐渐与人类趋同，并朝着人类的形态与功能"进化"，直到媒介能够完成人类能做的所有事情。

随着社会的发展，新的媒介不断出现，推动人类传播方式的创新。在不断融入人们生活的同时，媒介也在悄无声息地改变着人们的生活，影响着这个社会发展的进程。关于新媒介技术对人体的延伸，麦克卢汉早有预言，人体的中枢系统会自动麻痹新技术营造的新环境，人们对世界的认知总是滞后的。梅尔文·德弗勒（Melvin DeFleur）更进一步指出，当新媒介技术融入社会后，人与媒介间就已经形成了一种双向依赖的关系，且媒介是被较强依赖的一方。在智能化时代，人们对信息的渴求比以往任何时候都要强烈，人们通过依赖媒介信息来消除对生存环境的不确定性，通过媒介获取新知，满足精神追求。外部世界变化之快，以一己之力无法涉猎更多有用信息，人们便会保持对媒介的依赖，一旦离开媒介就会变得焦虑，变得无所适从。不难看出，人们对信息的需求导致了媒介依赖，更加智能、便捷的可穿戴设备不断刷新人机交互频率与使用者的满意度，强化了人们与媒介间的黏性。这种状况必将给人类带来负面影响。人们沉溺在媒介营造的虚拟社会之中，难将其与现实环境区别开来，智能移动终端的数据记录还有可能涉及隐私侵犯等伦理问题。而今后，随着技术的持续革新，人们会被越来越多的超智能终端所包围，提升媒介素养迫在眉睫。人们应正确认知媒介变革——媒介是人类认知世界与创造价值的工具,但人类不应毫无选择地沉溺在媒介所营造的拟态环境之中,要提高信息辨别能力,树立正确的生活目标,保持积极向上的生活态度。

(二)媒介是人际交往的基础,网络空间衍生虚拟社会关系

当前,在世界范围内,互联网开始了与实体产业的融合发展,并且持快速增长之势,正深刻改变着现实世界。基于此种现实,各国结合实际,纷纷提出应对策略。如,德国提出"工业4.0"的概念,以期通过网络技术与信息共享建立起高度灵活的数字化与个性化的服务生产模式;美国的"工业互联网"概念,提倡基于互联网的人机互联,升级社会关键生产领域;我国的"互联网+"概念,将互联网作为核心引擎,在万物互联中推动社会创新。历经有线联网、无线互联、万物互联的互联网,在未来还会创造出更多无法想象的空间。互联网引发的不仅仅是技术革命,更是社会革命,而这一切都是在人的创造中完成的。马克思指出人的本质是一切社会关系的总和,而媒介是人际交往与构成社会关系的基础,是整合社会与社会一体化的重要力量。社会关系的绵延与进化对媒介的发展起着推动作用,同时也提出了更高的期待。媒介形态的变革意味着信息传播手段的革新,新媒介形态对旧媒介形态的延伸与补充,为信息及情感的传递,乃至社会关系的整合升级提供了更为有效的渠道与动力。

历次媒介形态的迭代都会引领社会关系的深刻变化。文字的发明是人类文明进步的重要标志,文字突破了口语与肢体语言传

播的距离与内容,依血缘关系结成的氏族联盟开始大规模迁徙,带来了国家地域的划分,人与人之间的社会交往日渐分散与多样化。印刷术的发明释放了信息传播的自由,突破了时间与空间的限制,基于纸媒的沟通形式摆脱了视听感知的限制。电子及网络媒体的兴起更是带来了社会关系的根本性变革,巨量媒介信息淡化了人际网络,社会交往从依附性向自主性转变,社会关系的建立不再受时空限制,开始以个人需求和行为规范为导向,形成了继血缘、地缘、业缘之后的第四类社会关系 —— 虚拟社会关系。

互联网能够持续繁荣发展与人们对虚拟社会关系的需求相关,网络功能也因此愈加强大。这是社会关系需求对互联网媒介的直接渗透,是媒介对社会关系变革的直接参与。

虚拟社会关系是媒介渗透社会生活的直接产物。第一,虚拟社会关系中的交往模式发生了改变。成员关系不是源自地域或情感的有形联结,而是通过虚拟社交实现的自我认同。虚拟社会关系中的交往模式相较于现实社会有了一定的转变,虚拟社会关系的形成与维系以虚拟社群成员的参与、认同、需求及共同利益为核心,虚拟社群的发展源自参与者的创造,这种社群关系不仅在线上维系着,还会延伸至线下,作用于现实社会,成为社会文化变革的积累。第二,虚拟社会关系中的交往方式发生了改变。互联网与生俱来的开放性与传播方式的便捷易得跳出了传统广播电视时代内容的强线性编排与单向传播的限制,愈加满足了人们对自由的追求,人们在碎片化的网络空间中进行信息的自由组合,逐渐建构起虚拟社群中以个体为中心的特质。第三,虚拟社会关系中的交往内容发生了变化,变得更具自主性与创造性,较少受到现实社会角色的束缚与群体压力的制约,人们更乐于表现本我,情感的涉入与交换成为交往过程中的增值环节。但是,网络空间中的社会关系有着极强的虚拟情境化成分,尽管能够迅速累积人气,却不利于维系人际关系的黏性。因迅速膨胀的网络热点事件聚集起来的网络社群,在事件热度消退后纷纷离场,就是最好的例证。

(三)技术革新引领社会变革,互联共享发展与风险并存

随着大数据、云计算、人工智能、无人驾驶、3D 打印等新技术的兴起,人类智慧与人工智能有机结合,由此开始了智能革命。在智能化社会中,"大数据""互联网+""共享"等概念已在局部尝试成为国家的主流,并已在社会多元场景中得到运用,成为未来信息社会发展的基本趋势,成为重塑产业生态、促进经济发展与推动社会变革的关键路径。开放、创新、共享成为这个时代的新特性。基于互联网的新一代信息与通信技术(如 5G、大数据、云计算等)和新人工智能技术(如跨媒体推理、人机混合智能、自主等)一路高歌猛进,日渐参与到国家安全、社会民生及国民经济等领域,深度推进了媒介智能化、生活智能化、交通智能化及城市智能化的建设。智能技术将在提升人类工作效率的基础上解放人的脑力和体力,生产结构将由大体量的超级工厂转向创造性强的小微企业。鼎盛时期的通用汽车在 1955 年雇用了 60 万名员工,"脸书"(Facebook)在 2016 年时仅有 6000 名员工,亚马逊公

司 2017 年创造 100 万美元收入仅需要 1 名员工。

更为重要的是,智能化社会中的经济运营模式也开始从实体转向虚拟,共享经济模式应运而生。基于大数据与物联网技术搭建的运营平台能够聚合巨量的小经济体,从而产生巨大经济效益。正如传媒策略家汤姆·古德温(Tom Goodwin)所言:"脸书作为最受欢迎的社交媒体却不生产原创内容,优步(UBER)作为全球最大的出租车公司却没有固定车辆资产,爱彼迎(Airbnb)作为全球最大住宿提供商却无任何房产,阿里巴巴作为最有价值的零售商却从没有存货。"智能化社会中的经济运营开始加入虚拟元素,人力不再是商品生产与服务的唯一支撑,基于网络连接的经济模式实现了共享、共建、互通。智能技术必将给社会发展带来深刻影响毋庸置疑,但其是否必然会促进经济增长仍不能下定论。生产技术的革新通常对提高生产效率、带动新产业的发展有一定的促进作用,但是经济的增长不仅受到技术的影响,还与宏观社会环境相关,如宏观市场环境、国家政策指向等。

不可忽视的是,由于社会个体生存的地理区域、知识水平、信息技能等存在差异,导致了智能化社会中人们在接受与运用新技术方面存在差异,而这种差异可能会引发新的不平等。全球互联的数字经济与产业平台给有新想法并能迅速付诸实践的个人及小微企业带来了巨额收益,而科技含量低的普通劳力则面临着被淘汰的风险。资本与技术的聚合,使得财富差距不断加大。智能技术不仅作用于生产结构,还会作用于社会结构。这一点首先就表现在就业结构的调整上。从业者的不可替代性越低，其被淘汰的概率就越大，这会危及社会结构的稳定性。就中国的现实国情而言，我国自 2000 年就已步入老龄化社会，预计到 2050 年，65 岁以上人口将占总人口的 1/5，达到 3.2 亿。技术革新与老龄化并存的社会现实将进一步加大就业难度。智能技术影响着社会结构，也影响着微观个体的认知与行为。机器思维的缜密与"有意"的个人数据的收集使机器比我们自己更了解我们的个人喜好，而这都是在我们不经意间的"扫码关注有惊喜"中完成的。视频网站、美食团购、购物网站等通过算法推荐适合我们的影音与商品，这不易被察觉却又十分精准。现在的我们，是更加依赖于算法推荐还是倾向于家人与朋友的忠告？是否还有独立辨别与思考的能力？我们的隐私是否被有效保护？这些都是智能化社会中不可忽视的现实问题。

智能化社会的发展理念是机器的人性化与人的智能化，人机共生中有人机竞争。智能技术是人的智力与体力的延伸，在促进社会发展的过程中也伴随着不确定因素。如何将这种不确定的风险化解是智能技术"热"过后的"冷"思考。生活在智能化社会中的我们除了要具备传统意义上的人文素养，还要兼具一定的数据素养与科技素养，正确地认知与传播信息。智能化社会融合数据化、平台化、智能化等多重技术元素，但如果要实现长足、健康的发展，还应融入情感、伦理、安全等人性内涵，以辅助人类更好地进行深层次的交流互动。人类文明是人类的智慧创造，人工智能作为人类文明成果也必将造福人类。人工智能不仅要推动社会的发展与进步,更要有益于人类的身心健康。智能化社会的深入发展靠的不是智能技术的自由化与自动化演进,而是人预先对智能化进程进行理性设计与科学规划,真正推动智能化社会朝着符合法规伦理与人类愿望的方向发展。

2013 年,牛津大学人工智能研究者迈克尔·奥斯本(Michael Osborne)和卡尔·贝内迪克特·弗雷(Carl Benedikt Frey)发表了名为《就业的未来》的论文,在该论文中,他们对 702 种职业的未来状况进行了评估。他们认为,电话销售员、检索员、数据录入员、报税编制员、银行开户专员、裁缝等职业未来被计算机取代的概率高达 99%;采购专员、银行柜员、信贷员、部件销售人员、法务秘书、会计等职业未来被计算机取代的概率同样高达 98%。

当今时日,从社会生产到日常生活,从有限时间到无限空间,互联网、数字技术以及人工智能引领的信息革命衍生出一批著名的互联网企业,如阿里巴巴、苹果、微软等。智能技术作为此次信息革命的核心动能,将历次科技革命和产业变革积蓄的巨大能量叠加释放,快速催生新产品、新业态,培育经济发展新动能,重塑经济社会运行模式,改变人类生产和生活方式,促进社会经济发展的大幅整体跃升[1]。可见,智能化不仅仅是高新技术的应用,还涉及了社会结构、社会制度及社会治理的转型和变迁。

---

[1] 陆峰. 人工智能:塑造国家竞争新优势 [N]. 中国电子报,2017 年 9 月 26 日.

机器比我们更了解我们的爱好

第二章

欢迎来到智能化社会

主题导航

① 人工智能：撬起智能化社会的一个支点

② 人工智能的三位先驱

③ 不可错过的人工智能大事件

　　通过第一章的讲述,你一定已经发现,人工智能已经成为我们日常生活的一部分,甚至可以说,在一定程度上,它构成了我们当今生活本身。同时,人工智能也是我们想象未来的土壤。然而,需要停下脚步,进行追问的是,我们言及的"智能化社会""人工智能",到底指的是什么呢? 这便需要进一步厘清"什么是人工智能?""目前它主要经历了哪些重要的发展历程?""哪些科学家对其产生和发展做出了杰出贡献?"等一系列问题。本章将带你追寻这些问题背后的答案。

第一节 人工智能：
撬起智能化社会的一个支点

 你知道吗？

　　你使用过百度搜索吗？你使用过二维码扫描器吗？你使用过苹果手机中的 Siri 吗？其实，我们经常接触的这些技术产品都是人工智能在日常生活中的具体应用。同时，无论是看电视、听广播、网上冲浪还是与其他人聊天，人工智能都是一个热点话题。相关数据显示，2016 年，包括百度和谷歌在内的科技巨头在 AI 上的花费在 200 亿—300 亿美元之间，其中 90% 用于研发和部署。[1]

---

[1] 赵春林 . 领航人工智能：颠覆人类全部想象力的智能革命 [M]. 北京：现代出版社,2018：3.

一、什么是人工智能

说起人工智能,大家首先想到的是什么呢?是各类机器人,还是日常生活中的其他智能化设备?

如今,人工智能已经渗透到我们生产、生活的方方面面,但仍有很多人对什么是人工智能心存疑惑,甚至存在一些误解。对此,我们将探讨究竟什么是人工智能,人工智能又经历了怎样的发展流变。

人工智能的英文是 Artificial Intelligence,有时候,我们也简单地称它为 "AI",以英语为主要交流语言的西方国家都这样称呼它。英文单词 Artificial 具有 "人工的、人造的、人为的、非原产地的" 等含义,而 Intelligence 是 "智力、才智" 的意思,所以,Artificial Intelligence 在中国就被翻译成了 "人工智能"。

那么,人工智能,这一名字从何而来?

在计算机科学史上,坐落于美国新罕布什尔州汉诺威小镇的达特茅斯学院是一个诞生奇迹的地方,尽管以小而精著称的达特茅斯学院堪称美国历史最悠久的顶尖学府之一,但在美国之外的地方,知晓这所学院的人仍不算多。然而,达特茅斯会议却使达特茅斯学院闻名于全世界,因为正是在这次会议上,计算机科学家们提出了 "人工智能" 这一概念。

具体来说,1956 年,来自计算机科学、认知学、经济学、数学等多个领域的几十位科学家在达特茅斯学院约翰·麦卡锡(John

McCarthy）教授、哈佛大学马文·闵斯基（Marvin Minsky）教授，以及信息论的创始人克劳德·香农（Claude Elwood Shannon）的召集下齐聚达特茅斯学院，讨论"如何为计算机编程，使其能使用语言"等议题。这次会议持续了近三个月之久，虽然存在诸多分歧，但这次会议却被认为是人工智能的起源。召集人之一的约翰·麦卡锡给这次会议起的名字就是"人工智能夏季研讨会"（Summer Research Project on Artificial Intelligence）。

会议召开之前，作为召集人的约翰·麦卡锡和马文·闵斯基希望这个会议能够得到洛克菲勒基金会的资助，以解决这次会议期间的开支，保障这次会议的成功召开。基于这一考虑，约翰·麦卡锡他们向洛克菲勒基金会提交了一份预算为13500美元的计划书。为了能够顺利获得资助，他们在提交的计划书中详细列出了这次会议将研讨的七个方面的议题，具体包括：计算机编程语言、自动计算机、机器学习（即自我改进）、计算规模的理论、神经网络、随机性和创见性、抽象。然而，最后洛克菲勒基金会只批准了7500美元的会议资助。

这便是"人工智能"命名的由来。那么，另一个重要的问题是：我们如何理解人工智能？而对这个问题的回答取决于如何理解"智能"。

毫无疑问，人和地球上的其他生命体都具有"智能"，但人类智能和其他生命体所具有的智能显然是很不一样的。赵晓光与张冬梅认为，人类智能具有"感知能力、记忆与思维能力、学习能力和执行能力"[1]等四个重要特征。亦是基于这些能力,古希腊哲学家们得以提出"我们从哪里来""世界是由什么构成的"等问题。从这个角度而言,人工智能就是计算机/机器仿造人类智能,从而像人一样具有感知、记忆、学习、思考、执行的能力。

现代大多数人可能无意识地认为,西方或发达国家是人工智能研究与应用的重镇。其实,中国古代社会就已经出现了人工智能的影子,这从古代典籍中可窥见一二。在中国西周时期,人们已经开始对机器人及其自主意志进行了想象,并撰写了许多神话故事。据《列子·汤问》第十三部分记载,西周时期,楚国一位叫偃师的能工巧匠制造出了一种不仅能够跳舞,还在一定程度上具有人类感知和情感特征的艺人。更让世人大跌眼镜的是,它对楚王的妃子一见钟情。该故事的原文记载如下:

周穆王西巡狩,越昆仑,不至弇山。反还,未及中国,道有献工人名偃师。穆王荐之,问曰:"若有何能?"偃师曰:"臣唯命所试。然臣已有所造,愿王先观之。"穆王曰:"日以俱来,吾与若俱观之。"越日偃师谒见王。王荐之,曰:"若与偕来者何人邪?"对曰:"臣之所造能倡者。"穆王惊视之,趋步俯仰,信人也。巧夫锁其颐,则歌合律;捧其手,则舞应节。千变万化,惟意所适。王以为实人也,与盛姬内御并观之。技将终,倡者瞬其目而招王之左右

[1] 赵晓光,张冬梅.改变我们的生活方式:人工智能和智能生活 [M].北京:科学出版社,2019:3.

侍妾。王大怒，立欲诛偃师。偃师大慑，立剖散倡者以示王，皆傅
会革、木、胶、漆、白、黑、丹、青之所为。王谛料之，内则肝、胆、心、
肺、脾、肾、肠、胃，外则筋骨、支节、皮毛、齿发，皆假物也，而无不
毕具者。合会复如初见。王试废其心，则口不能言；废其肝，则目
不能视；废其肾，则足不能步。穆王始悦而叹曰："人之巧乃可与
造化者同功乎？"诏贰车载之以归。

夫班输之云梯，墨翟之飞鸢，自谓能之极也。弟子东门贾、禽
滑釐闻偃师之巧以告二子，二子终身不敢语艺，而时执规矩。

在现代科学的话语体系中，在科学家眼里，人工智能属于计
算机科学的一部分，科学家主要关注的问题是如何使计算机"聪
明"得像人类一样，能够自如地处理各种各样的复杂问题，这就需
要图像识别技术、语言识别技术等一系列先进的科学技术作为支
撑。所以，图像识别技术、语言识别技术等就成为科学家研究的
重点。

依据"科普中国·科学百科"词条对人工智能的定义，人工智
能是计算机科学领域中涉及研究、开发和应用智能机器的一个分
支，主要探究"智能"本源，以期制造出一种和人类智能相类似的
智能化机器。该领域的主要研究包括机器人、语言识别、图像识
别、自然语言处理和专家系统等。这个定义看起来有些冗长，简单
理解就是计算机能够像人一样思考，并且具有心智和情感等，这个
在目前是较难实现的。当然也有一些研究学者对人工智能有不一

样的理解,如美国麻省理工学院的温斯顿(Patrick Henry Winston)教授认为"人工智能就是研究如何使计算机去做过去只有人才能做的智能工作"。更加专业一点的说法是,人工智能就是"研究、开发用于模拟、延伸和扩展人的智能的理论、方法、技术及应用系统的一门新的技术科学"[1]。

回顾人工智能发展的历史脉络,这条道路并非一帆风顺,研究过程中经历了起起落落,也遭受了很多质疑和非议。从 1956 年提出"人工智能"这一概念至今,已经经历了三次人工智能发展风潮。第一次人工智能发展风潮发生在 1956 年左右,那年夏天,包括克劳德·香农在内的计算机科学家们集聚美国达特茅斯学院,召开了关于如何使机器模仿人类学习及其他相关智能研究的学术研讨会。会议中首次提出"人工智能"的概念,这一年也被称为"人工智能元年"。会议后不久,计算机领域的专家约翰·麦卡锡和马文·闵斯基共同创建了世界上第一座人工智能实验室,增强了人们对人工智能研究的激情和兴趣,人工智能发展史上迎来了第一个黄金时代。1969 年召开了首届国际人工智能联合会议,此后该会议每两年召开一次。次年,《人工智能》国际杂志创刊。这些都促进了人工智能的研究和发展以及相关学术活动的开展和交流。在这之后的十余年间,计算机被广泛应用

---

[1] 赵春林. 领航人工智能:颠覆人类全部想象力的智能革命 [M]. 北京:现代出版社,2018:2.

于数学和自然语言领域，用来解决代数、几何和英语问题[1]，人们对人工智能的发展前景非常看好。但是到了二十世纪七十年代，由于人工智能水平的限制，其与美国国防部高级研究计划署的合作计划失败，人们的失望情绪开始蔓延，人工智能的研究经费也大大减少。

1980年，美国卡内基梅隆大学为数字设备公司设计了一套名为XCON的专家系统，这个系统可以简单地理解为"知识库＋推理机"的组合。其运作的过程主要是将大量专业知识输入系统，然后由计算机用算法进行推测判断，得出一个合理的结论。这一阶段的发展奠定了知识在人工智能中的重要地位。这套系统能为金融、医疗等领域提供便利，让计算机去处理那些庞大的信息。人工智能也就这样进入了第二次发展风潮。但是好景不长，1987年，苹果和IBM生产出了性能更好的台式机，XCON由于在使用中需要输入大量名词，程序较为烦琐，逐渐淡出商业竞争市场。人工智能一时陷入"高投入、低产出"的尴尬境地，由此，人工智能的发展遭遇隆冬。

当今，我们正在经历人工智能第三次发展风潮。从1997年计算机"深蓝"（Deep Blue）战胜国际象棋冠军卡斯帕罗夫（Garry Kasparov），到2011年计算机"沃森"（Watson）在益智类节目中战胜人类卫冕冠军，人工智能再次进入人们的关注视野，

---

[1] CSDN. 人工智能杂记　人工智能简史 [EB/OL].https://blog.csdn.net/qq-44993633/article/details/89916300.

进入高速发展时期。2016年,谷歌人工智能阿尔法狗(AlphaGo)挑战世界围棋冠军李世石,并以4:1的成绩获得胜利,让全世界都为之惊叹。信息技术的发展和数据的爆发式增长,使计算机的运算能力大幅提升,深度学习算法不断成熟。阿尔法狗就是一个具有深度学习能力的人工智能。同时,这一阶段人工智能走出计算机科学的"原乡",在政府、企业、社会个体等不同主体间表现出更多可应用场景。人工智能已经渗透到我们日常生活的各个领域,推动着人类社会不断向前。

大家也许看过以色列历史学家尤瓦尔·赫拉利(Yuval Noah Harari)两部经典著作,分别是《人类简史》与《未来简史》。这两部著作向我们描述了人工智能的三个阶段:人工智能、强人工智能和超级人工智能。这也就是国际上人工智能的三个等级,即弱人工智能、强人工智能和超级人工智能。我们现在正处于弱人工智能阶段。其实弱人工智能应用非常广泛,有些隐藏在我们难以察觉的生活细节中,比如我们使用的智能手机、智能导航、智能医疗诊断设备等。这一阶段的人工智能主要是利用现有智能化技术来改善我们的社会经济和日常生活。等到了强人工智能阶段,计算机会非常接近于人的智能,计算机能像人脑一样思考,并且拥有很强的学习能力,可以通过算法推测给出指令,然后做出执行策略。人工智能研究者预测,强人工智能阶段要到2050年前后才可能实现。而到了超级人工智能阶段,计算机的智慧程度可能会比人类还要高,甚至在绝大部分领域会超越人类。人工智能会逐步演化成一个超强的智能系统,届时,人类将如何自处仍是未知。但将来是否能如预言所讲还未可知,让我们拭目以待。

在美国著名导演史蒂文·斯皮尔伯格（Steven Spielberg）2001 年拍摄完成的电影《人工智能》中有句经典台词:"世界尽头的地方,是雄狮落泪的地方,是月亮升起的地方,是美梦诞生的地方。"未来,强人工智能、超级人工智能不是没有可能实现,那些科幻电影中出现的不可思议的人工智能,也许

资料链接

由美国著名导演史蒂文·利斯伯吉尔（Steven Lisberger）拍摄的电影《电子世界争霸战》于 1982 年 7 月 9 日在美国上映。在这部影片中,ENCOM 计算机公司的"大师控制程序"不仅表现出自我意识,还像人类一样对权力贪如虎狼。更加不可思议的是,"大师控制程序"还将征服美国五角大楼和俄罗斯克里姆林宫列入计划。

在将来的某一天会变成现实。而我们需要做的是以包容的心态去与人工智能和谐共处,感悟生活。

二、人工智能与智能化社会的来临

设想一下,假如我们在家里安装了智能管理系统,比如智能扫地机、智能化冰箱、智能化照明控制装置等,那么家里的很多事

情我们都不用亲自去处理了,智能化的"大脑管家"会帮我们完成。这些智能化设备甚至还可以与我们自由交谈,即使我们一个人在家也不会孤单,因为它们会陪我们玩耍、唱歌或者做游戏。使用这些智能化家居会使我们的家庭生活变得更为舒适、安全、高效和节能,我们的生活幸福感将会得到提升。

人们日常生活中越来越多的人工智能设备也推动了智能化社会的来临,智能化产品越来越丰富,渗透到了社会生活的方方面面,我们曾经觉得不可思议的事情很多都已经变成了现实。比如在智能手机出现之前,人们估计都没有想过掌上电脑这种东西真的可以存在,而如今掌上电脑已经成为人们日常生活中的必需品,在今后的发展中它仍将处于智能终端的核心地位,并且将变得越来越智能。此外,在智能手机出现之后,又出现了新的智能化产品,即可穿戴设备。既然是可穿戴,自然与人体有关,且可穿戴设备可以连接无线网络,拥有独立处理信息的能力,因此具备可长期穿戴和智能化的优点。如2012年,谷歌公司发布了"拓展现实眼镜",就是一款可穿戴的智能化设备。它能够通过声音控制拍照、视频通话、辨明方向,还具有上网、处理文字信息等功能,这在当时看来是非常新奇的事情。随后,以智能眼镜、智能手表等为代表的智能化可穿戴设备成为谷歌、苹果等公司商业竞争的重要领域,有人预测,将来这还会成为新的经济增长点。目前可穿戴设备主要应用于信息搜集、社交娱乐、医疗健康、工业应用等多个领域。可穿戴设备在医疗健康领域的应用,可以对人们的日常生理特征进行检测,比如葡萄糖监测等,在人们的健康生活方面发挥重要作用。

其实,人工智能技术早就已经应用到医疗健康领域的各个方面。现在的医疗已经不仅仅是简单的治病,还包括了医药、保健及生物技术等多项内容。人工智能可以依托智能算法的优势,快速对疾病做出诊断,协助医生提高医疗服务效率,带来诸多便利。医疗诊断的人工智能主要有两种,一种是基于计算机视觉,通过识别医学影像诊断疾病[1],这主要得益于医院信息数字化建设以及大数据的丰富。人工智能已经在肺结节、乳腺癌、皮肤癌、眼底病、病理等领域取得了诸多成果。另一种是基于自然语言处理技术,人工智能可以"听懂"患者对症状的描述,然后根据疾病数据库里的内容进行对比和诊断。这在一定程度上也能缓和医患关系,人工智能的使用能降低医生误诊的可能性。像现在发展得比较好的虚拟助理技术,就是通过语音技术和自然语言处理技术实现人机交互,满足使用者的某些需求。此外,优质医疗资源的稀缺、浪费现象严重和分配不均等问题,也不断推动着人工智能的发展。

前面提到的智能化家居建设主要包括智能管理中心、综合安防、智能家电管理、娱乐休闲系统等。智能管理中心是智能化家居的核心,一般以智能手机为遥控器,将家中的各种智能化设备与智

---

[1] 健康界.未来医疗已来 AI 如何辅助医生诊断疾病 [EB/OL].https://www.cn-healthcare.com/articlewm/20170320/content-1012456.html.

人工智能技术早就已经应用到医疗健康领域的各个方面

能手机进行交互联系,相当于"总指挥部"。即使我们不在家,也可以用这个智能管理中心对家里的一切进行调控。综合安防就是家庭的安全防护系统,如使用智能门锁保障安全,利用智能手机实现远程智能监控及安防报警等,这样人们外出的时候对家里情况的担忧就减少了。智能家电管理和娱乐休闲系统都是提高我们生活质量的重要组成部分,如利用智能终端的远程控制、定时控制和场景控制等多种功能,实现对家用电器的智能化管理,或利用智能化影音设备的联通功能,丰富娱乐休闲生活等。未来,智能化家居系统会具备学习能力,可以在与人的接触中慢慢学会调节控制,从而为人类提供更加个性化的服务。

人工智能技术的发展应用影响着人们的社会生产和生活,那些与人们生活息息相关的智能化设备、智能化家居和智能化交通等,都预示着智能化生活离我们越来越近。大家不妨期待一下,今后还会有更多的智能化生活设备给我们的生活带来诸多便利和乐趣。当然,人工智能的发展离不开国家的政策扶持。2017年,国务院印发了《新一代人工智能发展规划》。随着国家和各地深入推进智慧城市的建设,大数据、物联网、人工智能和虚拟现实技术等开始全方位渗透到政治、经济、文化及社会生活中,促进城市规划、建设、管理和服务等方面变得更加智慧化。如我们日常使用的移动支付、共享单车、电子商务等,这些都属于人工智能的范畴,它们给我们的生活带来了诸多便利。除了给我们的生活提供便利,智慧化还能解决很多"城市病症",比如在人工智能的基

资料链接

　　有些研究已经做出了令人吃惊的预测，认为随着机器学习、深度学习、人工智能、脑机融合、基因工程等技术的发展，在50年内，就将有超过50%甚至90%的现存人类职业将可以由机器来更好地代替，乃至世界不久将达到一个科技飞速发展的奇点，碳基生物将变为硅基生物，人类将战胜死亡，但这也可能意味着有机体的"智人"的死亡，人将由"智人"变为"神人"。

　　（来源：何怀宏.何以为人 人将何为——人工智能的未来挑战 [J].探索与争鸣，2017年第10期）

础上实现对城市的精细化和智能化管理，从而降低资源消耗，减少环境污染，解决交通拥堵，消除安全隐患，最终实现城市的可持续发展。智慧城市的建设推动我们进入智能化社会，数据和信息日益成为解决社会问题的核心资源。

　　然而凡事都具有两面性，人工智能的发展在推动社会进步、提供更多机遇的同时，也带来了不可忽视的风险与挑战。正如霍金（Stephen Hawking）所说的，人工智能要么是最伟大的发明，要么是最后的发明。我们在拥抱人工智能带来的便利的同时，也不得不面对人工智能时代的社会风险。在智能化社会中，人工智能将会取代人类在很多领域的工作，因为相较于人类劳动力，人工智能可以更高效、更低成本地完成大部分工作,很多企业可能会更倾向于使用人工智能,不少人将面临失业风险。在这种情况下,人类要想不在人工智能的大浪潮中被淘汰,就必须提高自我学习能力,充分发挥自身优势,从事人工智能无法企及的行业。

三、智能化社会中的"物"是如何"思考"的

大家或许会好奇,我们前面介绍的那些人工智能设备究竟是怎么运作的呢?机器能够"思考"吗?智能化社会中的"物"是如何"思考"的呢? 1950 年,英国著名计算机科学家艾伦·麦席森·图灵(Alan Mathison Turing)在一篇名为《计算机器与智能》的论文中率先提出了这一问题,这一在今天看来十分平常的问题,在当时却开启了人工智能的大幕。艾伦·麦席森·图灵不仅率先提出了这一问题,还给出了这一问题的答案,即评估机器是否会思考的方法,这一方法就是举世著名的"图灵测试"(Turing Test)。具体来说,在测试过程中,人向对面提出一些问题,以对面对问题的回答来评估其是否会思考,如果人无法辨别对面的回答是人给出的,还是机器给出的,那么,该机器便通过了"图灵测试",即认为该机器具有思考的能力。

接下来,我们探索一下人工智能的内在运作机制。

人工智能技术,简而言之,就是让机器学习使用人类的语言和思维方式来处理问题。机器学习总是与人工智能联系在一起,

是人工智能的核心所在。机器学习不仅被认为是人工智能领域发展最快的一个分支,也是最能够体现人工智能精髓的技术。机器学习是一个涉及统计学、概率论、逻辑学等多学科的交叉研究领域,它的核心在于使计算机能够模拟或实现人类学习功能。通俗地讲,就是让计算机能够像人类的大脑一般具备从周遭事物中学习,并借此进一步展开联想和推理的能力。

目前,机器学习主要有五大门派:一是进化主义门派,该门派主要基于进化生物学;二是符号主义门派,该门派比较擅长逆演绎算法;三是联结主义门派,这一门派以神经网络为基本原理;四是行为类比主义门派,该门派从心理学的视角出发研究机器学习的相关问题;五是贝叶斯门派,该门派的研究建立在统计学和概率论的基础上。

人工智能为什么离不开逻辑学?

在回答这一问题之前,我们先来看一下什么是逻辑学。广义上,一般认为逻辑学就是研究人类思维规律的学问。狭义上,逻辑学指向推理,即研究推理的学问。

前面我们已经提到,人工智能就是让机器通过模拟能够像人类一样对事物加以联系和推理。这也是人工智能的终极目的。而人类智能的推理能力是建立在归纳、演绎、类比等逻辑法的基础之上的,所以,逻辑学和数理逻辑是人工智能必不可缺的部分。人工智能的诞生和发展都离不开逻辑学的支撑。

在逻辑学的发展历史上,首先是形式逻辑取得较大进展,然后发展到数理逻辑。数理逻辑可以说是人工智能的基础。形式逻辑指传统逻辑,既包括归纳逻辑(广义上),也包括演绎逻辑(狭义上)。而数理逻辑则是现代逻辑,顾名思义,它是数学和逻辑学相结合的产物,具体言之,就是将数学的方法应用于逻辑的研究,而用数学的方法研究逻辑必然要以符号、公式等为具体手段,所以,数理逻辑又被称为符号逻辑。1847年,英国著名数学家和逻辑学家乔治·布尔(George Boole)在《逻辑的数学分析》一书中用一系列的数学符号代替了逻辑中的种种概念,使用数学方法探索逻辑的问题,这极大推动了数理逻辑的发展。

传统的计算机编程就是将人类的思维翻译成机器语言,因为机器只能识别自己的语言,因此程序员首先要学会相应的编程语言,然后把需要处理的问题写成机器可识别的代码,可以看出这其实是一件很费力的事情。随着时间的积累和技术的不断进步,人们开始思考为什么不让机器去学习人类语言,直接用人类思维去处理问题呢?这样处理问题的效率会高很多,也会节约大量的人力成本。在这种想法的引导下,人工智能技术应运而生。这种从人学机器到机器学人的转变是一种涉及计算机科学思想根源的本质性转变,不是简单的算法改进和优化。

人类大脑处理问题的方式和计算机处理问题的方式最大的不同在于人类思维是经验式思维,人脑通过不断学习、积累的经验去判断、分析问题并给出解决方案,这其中逻辑思维只在需要时发挥一定的作用。而传统计算机则是完全的逻辑思维,没有学习和经验判断能力。逻辑运算不依赖于经验,即使是两个不同的人,做同样的逻辑运算,正确结果都是一样的。而经验式思维依赖于经验积累,不同学习背景的人对同样的问题会得出完全不同的结论。这也是为什么人脑大部分细胞都是用来记忆的,就是要保存大量的经验信息。编程算法目前在人工智能技术中只是一个工具和实现手段,真正的人工智能是不依赖于编程算法的。因此,要从根本上实现人工智能,就是要让机器能够像人脑一样学习,并存储大量信息,然后依据存储的信息做出经验判断,把存储的信息和逻辑运算结合在一起,从真正意义上实现人脑和电脑的融合。

美国计算机科学家艾伦·凯(Alan Kay)曾说:"有些人担心人工智能会让人类觉得自卑,但是实际上,即使是看到一朵花,我们也应该或多或少感到一些自愧不如。"所以我们无须对人工智能抱有恐惧或排斥心态,警惕心自然要有,但人工智能依旧是人类历史上的辉煌成就,是人类文明发展进步的象征。

第二节 人工智能的三位先驱

 你知道吗？

　　不管技术如何迭代，历史如何变迁，在人工智能的发展过程中，有这样三位科学家对人工智能的贡献是始终难以被后世所忽视的，他们分别是：美籍匈牙利计算机科学家约翰·冯·诺依曼（John von Neumann）、英国数学家艾伦·麦席森·图灵和美国数学家克劳德·香农。可以说，他们不仅是人工智能史上的三位先驱，也是人工智能史上最璀璨的星星。下面就让我们走进他们与人工智能的神奇故事。

一、从"神童"到"电子计算机之父"：冯·诺依曼

　　回望二十世纪科学技术领域的辉煌历程，可谓群星璀璨，涌现出一批杰出的科学技术研究者，比如大家所熟知的物理学家霍金、创立了量子力学的普朗克（Max Planck）、提出了相对论和量子理论的爱因斯坦（Albert Einstein）、两次获得诺贝尔奖的居里夫人（Marie Curie）等。但是这些极负盛名的研究者中被认为拥有天才

智慧的人并不多，而冯·诺依曼就是其中一个。

约翰·冯·诺依曼，美籍匈牙利人，是二十世纪最伟大的数学家、物理学家、化学家、计算机科学家之一，他在现代计算机、博弈论等众多领域做出许多杰出贡献，是一位非常难得的科学研究全才，被后人称为"电子计算机之父"。

冯·诺依曼 1903 年出生于匈牙利布达佩斯的一个犹太家庭，其父亲是银行家，属于匈牙利的名门望族，在这种家庭环境中出生的冯·诺依曼从小便接受了精英式的良好教育。然而他也是极聪明的，他具有异于常人的敏捷思维，读书更是过目不忘，是个充满灵气的漂亮小孩。冯·诺依曼六岁时能心算做八位数除法，八岁时掌握微积分，十二岁就读懂领会了波莱尔的大作《函数论》要义 [1]，表现出过人的数学天赋。美国著名物理学家维格纳（Eugene Paul Wigner）在获得诺贝尔奖后接受采访时，提到了和他一起在布达佩斯长大的冯·诺依曼，他说："不管一个人多么聪明，和他（冯·诺依曼）一起长大就一定有挫折感。"

由于当时数学并不是热门研究领域，在冯·诺依曼将要读大学之际，其父亲出于对他前途的考虑，希望他能攻读化学专业，可是冯·诺依曼不愿放弃自己喜爱的数学研究。于是父子俩达成协议，冯·诺依曼在 1921 年进入德国柏林大学（1923 年又进入瑞士苏黎世联邦工业大学）学习化学，同时在布达佩斯大学注

---

[1] 腾讯网.数学名人 / 冯·诺依曼 [EB/OL].https://new.qq.com/omn/20190813/20190813AOQT2600.html.

册成为数学研究方面的学生,但平时不在学校上课,只是每学期按时回来参加考试。天才自有天才的学习方法及令人折服的能力,大学期间虽然主要攻读化学,但冯·诺依曼常常利用空余时间钻研数学,一有想法就和学校教授及一些优秀的数学家交流联系,这亦是他能在没有上课的情况下却仍能将数学学好的重要缘由。1926年,冯·诺依曼拿到了苏黎世联邦工业大学化学专业的本科学位,同时也拿到了布达佩斯大学的数学博士学位。23岁的冯·诺依曼已经走在了数学、物理、化学三个领域的前沿。有一件趣事,冯·诺依曼在参加数学博士学位答辩时,他的老师只问了他一个问题:"你这件礼服很好看,是哪里的裁缝做的?"很多人在答辩时会措手不及地被老师提问各种专业相关问题,而冯·诺依曼却不需要经历这些盘问,因为他在当时已经是一位非常优秀的数学研究者了。

1927—1929年间,作为数学讲师的冯·诺依曼,因先后发表了有关量子理论与代数方面的论述,引起了当时德国数学界的广泛关注。随后他前往美国普林斯顿大学任客座讲师,鉴于他过人的数学天赋和扎实的研究基础,冯·诺依曼仅用了两年时间便成了普林斯顿大学的终身教授。1933年,冯·诺依曼到普林斯顿大学新建的高等研究院工作,成为研究院最初六位教授之一(其中还包括爱因斯坦,冯·诺依曼是六位教授中最年轻的一位)。他一直在那里工作,过完了他的余生。

这位天才学者与计算机结缘也是出于偶然。1944年夏天,冯·诺依曼在某个火车站候车厅候车时遇到了青年数学家、美国弹道实验室的军方负责人赫尔曼·哥德斯坦（Hermam Goldstine），哥德斯坦认出了当时已小有名气的冯·诺依曼，两人进行了深切的交谈。在交流过程中，哥德斯坦告诉冯·诺依曼自己正在参与一项名叫"ENIAC"计算机的研制工作，具有远见卓识的冯·诺依曼被这一研制计划吸引，对计算机研究产生了极大兴趣。正如哥德斯坦后来提到："冯·诺依曼在见到 ENIAC 的那一瞬间改变了他的余生。"之后，冯·诺依曼把自己巨大的热情和天赋投入到计算机研制和运用的事业，现在一般认为当年的 ENIAC 是世界第一台电子计算机。1945 年，冯·诺依曼和他的团队发布了一个《存储程序通用电子计算机方案》，即 EDVAC（Electronic Discrete Variable Automatic Computer）。冯·诺依曼凭借其雄厚的数理基础知识和强大的逻辑思维能力，以"关于 EDVAC 的报告草案"为题，起草了长达 101 页的总结报告，[1] 在其中详细介绍了电子计算机制造和相关程序设计的研究路径。正是因为这份报告，普林斯顿高等研究院批准冯·诺依曼指导研制新的计算机，这份报告在计算机发展史上具有划时代意义，它奠定了现代计算机系统结构的基础，它向世界宣告：电子计算机的时代开始了。

　　冯·诺依曼在计算机领域的主要贡献在于提出了二进制思想与程序内存思想。EDVAC 方案明确提出新机器应该由五个部

---

[1]　UC 电脑园 .1945 年 6 月 John von Neumann 发表名为"关于 EDVAC 的报告草案"的总结报告 [EB/OL].https://www.uc23.net/lishi/70633.html.

分组成,即运算器、控制器、存储器、输入设备和输出设备,并描述了这五部分的职能和相互关系。此外,冯·诺依曼早就意识到在计算机研究中采用数学十进制的弊端:不但会造成电路复杂、机器体积过大,还会使机器的可靠性降低。他根据电子元件双稳工作的特点,建议在电子计算机中采用二进制。二进制具有十进制不可比拟的优点:运算电路简单,能大大简化机器的逻辑线路,机器的可靠性也会明显提高。关于程序内存思想,依据冯·诺依曼的想法,可以把计算机程序和数据都以二进制的形式统一存放到存储器中,然后由机器自己执行并完成任务。在这个工作流程中,不同的程序能解决不同的问题,实现计算机的通用计算功能。实践证明了冯·诺依曼设想的正确性,计算机的基本工作原理就是存储程序和程序控制,这在计算机发展史上具有里程碑意义。1946 年,英国剑桥大学的威尔克斯(Maurice Wilkes)等人依据冯·诺依曼的理论思想成功研制出世界第一台实际运行的存储程序式电子计算机——EDSAC(Electronic Delay Storage Automatic Calculator)。当今人们使用的计算机仍然遵循着冯·诺依曼提出的计算机的基本工作原理,他本人也被后人称为"电子计算机之父"。

然而天妒英才,1955 年夏天,冯·诺依曼被查出患有癌症。即使在生命的最后几年,他仍然不停工作,不断研究思考。他结合早年对逻辑的相关研究,把眼界扩展到一般自动机理论,发现了计算机和人脑机制具有某些类似点。但非常遗憾的是,冯·诺依曼在1957年病逝,他未完成的关于机器和人脑的著作,在其逝世后被整理成《计算机和人脑》出版。虽然冯·诺依曼的一生比较短暂,但他在人类社会发展史上留下的光辉灿烂的足迹却值得人们用心铭记。

二、"人工智能之父":艾伦·麦席森·图灵

不知道大家有没有听说过图灵机和图灵测试呢?这些都和一位优秀的天才数学家相关,那就是艾伦·麦席森·图灵。他1912年出生于英国伦敦的一个中产阶级家庭。这位天才数学家、逻辑学家短暂而辉煌的一生可以被称作是"不世的传奇",鉴于他在人工智能等领域的杰出贡献,后人称他为"人工智能之父"或"计算机科学之父"。

图灵的家族成员里有三位当选过英国皇家学会会员,在这种知识分子家庭环境的熏陶下,图灵自小就表现出对数学的浓厚兴趣,8岁时便尝试写了一部名为《关于一种显微镜》的科学著作。1926年,图灵考入伦敦著名的舍伯恩公学,中学学习开阔了他的视野,使他对自然科学领域的研究有了大致的了解和领悟,并在数学上表现出天赋异禀的能力。1927年,只有15岁的图灵惊人地撰写了一部关于爱因斯坦相对论的内容纲要,这展示了他非同凡响的科学理解力。1931年,图灵考入剑桥大学国王学院,在那里他的数学能力得到了充分发展,毕业后他选择留在国王学院继续做研究。

1937 年,图灵在《伦敦数学会文集》第 42 期上发表了针对"可计算"问题的文章《论数字计算在决断难题中的应用》,正是在这篇文章中他向世人揭示了一种可以辅助数学研究的机器的可能性,这篇文章也因此成为图灵的成名作。这个机器就是大名鼎鼎的图灵机(Turing Machine),图灵机在计算机史上可以与冯·诺依曼机齐名,图灵也成为第一个提出将数学中的符号逻辑与现实世界勾连起来的人,我们当今研究的人工智能也基于这一设想。随后,图灵远赴美国普林斯顿大学攻读博士学位,正是在这一时期他结识了"电子计算机之父"冯·诺依曼。1938 年,图灵回到剑桥继续研究数理逻辑和计算理论,同时开始了计算机的研制工作。

大家看过电影《模仿游戏》吗?这部电影主要讲述了数学家图灵在二战时期破解德军秘密系统"英格玛",并协助盟军取得二战胜利的惊心动魄的故事。1939 年,图灵应征加入英国皇家海军,在情报机构从事密码破译工作,致力于破解德国海军的密码。由于人脑的解码能力有限,图灵期望能创造一个新的机器来与英格玛密码机相抗衡。图灵凭借他天才的设想设计出的破译机实际是世界上较早关于电子计算机的研制。1945 年,图灵被录用为泰丁顿(Teddington)国家物理研究所的研究人员,开始从事"自动计算机"(Automatic Computing Engine,简称 ACE)的逻辑设计和具体研制工作。后来他完成了一份长达 50 页的关于 ACE 的设计说明书。在图灵的设计思想的指导下,1950 年 ACE 样机研制成功,图灵在介绍 ACE 的内存装置时非常骄傲地说:"它可以很容易把一本书的 10 页内容记住。"1958 年,大型 ACE 机研制成功。当今人们普遍认为通用计算机的概念就是图灵提出来的。

1948 年,图灵担任曼彻斯特大学数学系高级讲师,并被指定为曼彻斯特自动数字计算机项目的负责人助理,领导该项目数学及编程方面的具体工作。1949 年,图灵成为曼彻斯特大学计算实验室的副院长,致力研发运行 Manchester Mark 1 型号储存程序式计算机所需的软件,并为这个机器产品编写出版了第一本程序员手册。其间他继续参与数理逻辑方面的研究,提出了关于机器是否能思考的问题,1950 年发表论文《计算机器与智能》,提出了著名的图灵测试,为后来的人工智能科学研究提供了开创性构想,图灵也凭此摘得了"人工智能之父"的桂冠。

关于图灵测试,图灵一直相信机器具有思维能力,这在当时为大多数人所不接受,为消除人们心中的偏见,图灵设计了一种模仿游戏,即图灵测试。该测试由计算机、被测试的人和主持测试的人组成,计算机和被测试的人分别在两个不同房间,主持测试的人在规定时间内分别对人和计算机提出各种问题,根据两方对提问的回应来判断哪个是人类,哪个是计算机。通过一系列测试,从计算机被误判断为人的概率可以测出计算机的智能程度。此外,图灵还对测试问题从行为主义的角度进行了定义:在特定时间内,如果主持测试的人难以准确判定回应是来自人还是计算机,那么,就认为这台计算机已经具有智能。1952 年,图灵写了一个国际象棋程序,鉴于当时没有一台计算机有足够的运算能力去执行这个程序,他自己模仿计算机,每走一步要用半小时。虽然在与人类的对弈中,计算机程序输了,但在那个时代,这是一次人工智能研究的大胆尝试。

图灵的贡献不只有图灵机和图灵测试,作为计算机逻辑的奠基者,他在可计算性理论、判定问题、电子计算机、数理生物学等研究上亦做出了重要贡献。然而图灵的一生却是辉煌而短暂的。1954年,图灵去世,一位伟大科学家的生命指针在42岁停摆。

图灵是一位了不起的科学家,他在计算机领域为人类做出了难以替代的卓越贡献。因此,1966年,美国计算机协会设立了"图灵奖"(Turing Award),一方面是表达对图灵的纪念和尊敬,另一方面是专门奖励那些对计算机事业做出重要贡献的个人。图灵奖是计算机领域最负盛名、最为崇高的奖项,有"计算机界的诺贝尔奖"之称。

根据媒体的最新消息,北京时间2019年7月16日,英国英格兰银行对外宣布,图灵的头像将登上新版50英镑纸币,其预计将于2021年上市流通。新版50英镑纸币上还可能会出现图灵的名言:"这不过是将来之事的前奏,也是将来之事的影子。"

三、"信息论之父":克劳德·香农

同样是二十世纪最伟大的科学家之一的克劳德·香农,1916

年 4 月 30 日出生在美国的密歇根州。他是美国著名数学家、信息论的创始人、美国科学院院士，并且是"发明大王"爱迪生（Thomas Alva Edison）的远方亲戚。与前两位科学家相比，克劳德·香农是更为长寿的，他的一生也颇有传奇色彩，他是位充满灵气、非常"顽皮"的科学巨匠。他曾在一封信中说"与科学家的身份相比，我是一个更好的诗人"（I am a better poet than scientist）。

一位伟人的成长必然离不开家庭环境的影响，克劳德·香农有着不错的家庭背景。他的父亲是密歇根州盖洛德小镇的一名法官，母亲则是该镇中学的校长。而克劳德·香农的祖父不仅是一位富有的农场主，而且还在农场实践中发明了一些农业机械。从小克劳德·香农的长辈就很重视对他的教育，特别是香农的祖父，小香农从祖父那里获得了很多启发。当同龄的小孩还在玩玩具时，小香农就已经开始研究各种机械设备，并尝试着制作出新的东西。关于小时候的香农还有一件趣事：小香农思维敏捷，在数学上很有天赋，经常帮姐姐做数学题，而且基本不会出错，在他的"顺手"辅导之下，他的姐姐后来成了一名大学数学系的教授。

1936 年，20 岁的香农顺利完成了大学学业，在美国密歇根大学取得数学与电力工程学双学位。随后香农进入麻省理工学院念研究生。香农总是会有一些普通人难以想到的新奇的想法，他动手能力极强，他的想法在他读大学期间都能得到很好的发展与实践。1938 年，香农获得了麻省理工学院电气工程硕士学位，并发表了那篇震惊世界的硕士论文——《继电器与开关电路的符号分析》。他把十九世纪中叶英国数学家乔治·布尔的布尔代数和电子电路中开关和继电器的工作原理巧妙地结合在一起,即把布尔代数的"真"与"假"和电路系统的"开"与"关"对应起来,并用 1 和 0 表示 [1]。他的这一设想将过去需要反复进行的冗长的实物线路检验和试错的电路设计工作简化成直接的数学推理,这奠定了数字电路的理论基础。哈佛大学的霍华德·加德纳(Howard Gardner)教授说:"这可能是本世纪最重要、最著名的一篇硕士论文。"如果所有的信息都可以用 1 和 0 来表示,那么信息传输效率将大大提升,人类将从工业文明时代进入信息文明时代。

香农从来不是一个循规蹈矩的人,他的科学研究兴趣非常广泛。1940 年,香农在麻省理工学院获得数学博士学位,但他的博士论文却是关于人类遗传学的研究——《理论遗传学的代数学》。将遗传学与数学结合起来,反映了香农异于常人的思维能力。香农博士毕业时正好赶上二战,盟军急需相关研究人员来破解德军的密码,香农随即投身密码学领域的研究。也正是在这一时期,他结识了"人工智能之父"图灵。他研究的通信理论和数字保密系统将密码学从一盘散沙汇聚成一门学科。他参与制作的通信加密设备,被用于二战中盟军最高领袖罗斯福(Franklin Delano Roosevelt)、丘吉尔(Winston Leonard Spencer Churchill)等

---

[1] 刘仁志. 神秘的信号 [M]. 北京:金盾出版社,2014:94.

人之间的绝密通信,保护了盟军的情报安全。

因为同时负责盟军的通信工作,香农和图灵获得了很多交流的机会,他们的共同兴趣在于人工智能和机器下棋。1943 年,一次饭桌上,香农对图灵说:"我不仅仅满足于向这台'大脑'里输入数据,还希望把文化的东西灌输进去。"图灵惊叹于香农的远见卓识,也获得了很大启发。其实,香农应该算是世界上首个提出"计算机能够和人类下棋"的人,他在 1949 年发表了著名文章《编程实现计算机下棋》,这篇文章是正处于萌芽时期的人工智能研究的杰作,它阐述了实现人机博弈的方法。1956 年夏天,著名的达特茅斯会议召开,那时图灵已经去世,香农作为计算机领域的研究者出席了会议,见证了"人工智能"这门学科的诞生。

关于香农最负盛名的"信息论",来源于他发表的一篇论文。1948 年,香农在《贝尔系统技术学报》上发表了论文《通信的数学理论》,人们通常将这一论文的发表视为现代信息论研究的开端。这篇论文在谷歌学术中的引用量已经达到 74906 次(截至 2020 年 2 月 13 日),被认为是"信息时代的大宪章"。这篇文章系统地论述了什么是信息,怎样量化信息,怎样更好地对信息进行编码和解码,并且阐述了如何在保证准确率的前提下用数字编码对信息进行压缩和传输,文章以概率论、随机过程作为基本研究工具来研究整个通信系统。此外,香农创造性地提出了"信息熵"的概念。"熵"(entropy)指向体系的混乱程度,香农将"熵"的概念引入信息论中,用来衡量消息的不确定性。这不仅解决了信息的度量问题,并且具有量化信息的作用。从此,信息变得可度量了,"信源""信道""编码""解码"等一系列基本概念都有了严格的数学描述和定量度量,一门真正的通信学科 —— 信息论,诞生了,香农也被人们冠以"信息论之父"的称号。正是他告诉了我们世界上所有的信息基本上都可以用0和1来表示,这为人类进入信息时代提供了窗口。

香农对人类文明的贡献几乎可以和爱因斯坦等科学家比肩,他一生中相当长一段时间是在贝尔实验室度过的,在那里他实践了他的很多奇思妙想。他是一个非常有趣的科学巨匠,比如到了晚年,香农开始研究杂耍,甚至开始撰写相关理论书籍 ——《统一的杂耍场理论》。他还发明了很多有意思的、新奇的玩具,比如智力阅读机、会说话的下棋机器、装了发动机的弹簧高跷杖、能猜测心思的读心机等。正如香农自己所说:"我常常随着自己的兴趣做事,不太看重它们最后产生的价值。"他的好奇心、超前的思维能力和灵活的动手能力成就了他辉煌而灿烂的一生。

第三节　不可错过的人工智能大事件

💡 你知道吗？

　　人工智能发展史上存在许多举世瞩目的大事件，在这一节，我们将带大家走进人工智能发展史上的三大事件，它们分别是："奇点"的提出、"深蓝""沃森"的胜利、谷歌阿尔法狗与围棋冠军李世石之战。

一、"奇点"的提出

　　你听说过"奇点"吗？

　　"奇点"这个词想必大家都不陌生，其英文为 Singularity 或者 Singular point。它有两种读法，若读作"奇（qí）点"，则意为"奇异点"；若读作"奇（jī）点"，则是数学和物理等领域的学科术语。

　　看到"奇点"的时候，大家或许会有一丝诧异。"奇点"难道不是和宇宙大爆炸相关的吗？它与人工智能又有什么联系呢？

　　这里有必要做一番说明。

　　通常情况下，我们说的"奇点"是指物理学宇宙大爆炸论中的一个"点",即大爆炸的起始点,它存在于黑洞中央。简单来讲,万物都从这里产生,时间和空间也是从"奇点"爆炸后才有了意义。而我们这里提到的"奇点"是人工智能领域的一个概念,最先将其引入人工智能领域的人是美国的未来学家雷·库兹韦尔(Ray Kurzweil)。

雷·库兹韦尔是美国著名的发明家、预言学家,他有9项名誉博士学位,曾两次获得总统荣誉奖。他用了几十年的时间思考人类历史的发展轨迹,预测社会未来的走向。比尔·盖茨称赞他为"预测人工智能最准的未来学家",《福布斯》杂志称他为"最终的思考机器"。雷·库兹韦尔在2005年出版了著作《奇点临近》,该书将物理学中的"奇点"概念作为隐喻,将其引入人工智能研究领域。这本书在介绍了人工智能的发展流变并预测了未来的同时,也探讨了把人工智能的程序应用于实际环境以及人们生产生活的现实诉求,是一本受众群体广泛、适合不同层次人群阅读的书。而"奇点"作为一个崭新的思维视角,引起了广泛关注,引发了新思潮,这在人工智能发展史上有重要意义。

在前文中我们也介绍过,研究者把人工智能的发展历程划分为三个阶段,即弱人工智能阶段、强人工智能阶段以及超级人工智能阶段。就目前的发展状况来看,我们还处于弱人工智能阶段,即便是在2016年战胜了世界围棋冠军李世石的谷歌阿尔法狗,也只是弱人工智能,因为它只在某一特定的领域展现出了超人的能力,若不是和它下棋,而是和它踢球,它就会变得无所适从了。那么强人工智能何时能出现呢？雷·库兹韦尔提出的奇点理论为我们解答了这一问题。

在雷·库兹韦尔看来，人工智能的发展轨迹是呈指数增长的，即前期发展非常缓慢，到后期会变得越来越快，直到在一个临界点爆发，而这个爆发点就是奇点。打个比方，人类社会未来20年的发展不等同于过去20年的发展，而是相当于过去200年甚至更多的发展增量。雷·库兹韦尔在《奇点临近》中还预测了"奇点"会在2045年到来。书中提到，随着基因技术、纳米技术和机器人技术这三种技术的同时发展，人工智能高速演进，逐渐超越人类智慧，推动社会进入强人工智能时代，那时候的人类也将变得更加智能化，成为"人类2.0版"。他所做出的预测并不是天马行空的想象或危言耸听的恐吓，而是依据过去和现在做出的合理推测。不论是2045年还是更久远，奇点终会到来，彼时的人工智能技术将会引导人类走向何处，我们拭目以待。

二、"深蓝""沃森"的胜利

人工智能是机器对人的智力的一种模拟，那么，机器能够打败人类吗？这是我们经常能听到的一个讨论。下面就让我们了解一下超级计算机"深蓝"与"沃森"的故事。

国际商业机器公司，简称IBM（International Business Machines Corporation），1911年由托马斯·沃森（Thomas Watson）在美国创

立,总部设在纽约,目前是全球最大的信息技术和业务解决方案公司。IBM 一开始的主要业务是商业打字机,之后随着电子计算机技术的发展,慢慢涉足计算机及人工智能领域,成为计算机产业长期的领导者。1997 年,由 IBM 设计研发的超级计算机"深蓝"在国际象棋比赛中战胜了卫冕世界冠军卡斯帕罗夫,成为历史上第一台参与此类比赛并获得胜利的计算机。2011 年,IBM 又推出其耗时四年研制的计算机系统"沃森",其在智力竞赛节目《危险边缘》中以绝对优势赢得了人类历史上第一个人机智力竞赛的冠军。接下来我们来讲述一下"深蓝"和"沃森"是如何取得胜利的。

"深蓝"可以看作是一台专门设计的用以下象棋的电脑。它是人类历史上第一台拥有象棋系统的计算机,机重 1270 千克,有32 个"大脑"(微处理器),每秒可以检索 1 亿到 2 亿个棋局。早在 1996 年,"深蓝"就与卡斯帕罗夫对抗过一次。1996 年 2 月 10日到 17 日,在美国费城上演了一场精彩绝伦的国际象棋大赛,一方是"深蓝",另一方是国际象棋大师卡斯帕罗夫。人们对这场比赛充满期待。当时卡斯帕罗夫可谓国际象棋界的一个奇迹和神话,1985 年到 2006 年间,他曾 23 次获得国际象棋世界冠军。比赛的结果令世人大跌眼镜,当时,卡斯帕罗夫以 4:2 的比分获得了胜利。随后"深蓝"进行了改造升级。研究人员改善了"深蓝"的内部象棋芯片,在原有的基础上增添了更加系统的象棋知识,使其能够识别不同的棋局并掌握应对技巧,且将其计算速度提高了近两倍。在做好一系列准备后，1997 年 5 月，IBM 代替"深蓝"再次向卡斯帕罗夫发起挑战，卡斯帕罗夫也欣然同意，他希望借此捍卫人类的尊严。这场比赛引起了全世界的关注。

比赛是在一间布置得类似于书房的房间里进行的，除了卡斯帕罗夫和"深蓝"，还有一位 IBM 的计算机科学家穆雷·坎贝尔（Murray Campbell），他的主要作用是在"深蓝"的指引下帮助它挪动棋盘上的棋子。这场比赛一共下了六局，整个过程都非常精彩，扣人心弦。在第一局的时候，卡斯帕罗夫气势较强，落子迅速，而"深蓝"却总是迟疑，计算机发生这种情况一般意味着机器无法识别或出现宕机，这让卡斯帕罗夫卸下了不少防备。第一局毫无疑问是卡斯帕罗夫赢了。但是卡斯帕罗夫可能没有料想到这恰巧是"深蓝"的"计谋"，它在快速计算出结果后故意延迟了落子的时间。"机器变得不可预测，会给对手带来心理影响，这是我们的主要目的。" IBM 工作人员伊列斯卡斯（Miguel Illescas）说道。果不其然，在第二局开始之后，"深蓝"主动发起进攻，步步紧逼，双方陷入激烈的对弈。此时的卡斯帕罗夫已经有些慌乱，他深思熟虑后走出了关键性一步，等待"深蓝"落入圈套，然而"深蓝"却做出了让他意想不到的选择。"深蓝"下了一步更加精妙的棋，粉碎了卡斯帕罗夫的企图，也改变了卡斯帕罗夫对计算机的刻板印象。诚如他后来所提到的："突然之间，'深蓝'变得像神一样。"这局比赛的结果已见分晓，"深蓝"赢了卡斯帕罗夫。

在接下来的几局对决中，卡斯帕罗夫的状态都不是很好，这场比赛不仅是技能的博弈,也是心理素质的较量。卡斯帕罗夫和"深蓝"在之后的三局中均打成平手。双方进入第六局进行最后的对决,此时的卡斯帕罗夫显然有些力不从心,一开始就不在状态,犯了很多常识性的错误,最终不得不宣布认输。这一整场比赛看下来,心理战术似乎成为"深蓝"获得比赛胜利的关键因素,但是计算机系统击败世界冠军的结果却是值得铭记的历史性时刻,在人工智能发展史上具有里程碑式的意义。

"沃森"是由 IBM 和美国得克萨斯大学历时四年联合打造的人工智能机器。其最初的设计理念是研发一个和人类回答问题能力相匹敌的计算机系统,并以 IBM 创始人托马斯·沃森的名字命名。它由 90 台服务器、360 个计算机芯片驱动组成,是一个有10 台普通冰箱那么大的计算机系统。[1]2011 年,IBM 给"沃森"报名参加了美国哥伦比亚广播公司的益智问答游戏节目《危险边缘》。这个节目中的问题涉及地理、政治、历史、体育和娱乐等领域的各种知识,包罗万象,游戏规则是答对可以获得奖金,答错就会倒扣分数作为惩罚。

这场比赛由"沃森"和另外两名选手竞争。这两位选手都曾获得该节目的总冠军,其中一位叫布拉德·鲁特(Brad Rutter)的选手则是《危险边缘》的所有冠军中拿奖金最多的一位。那么,"沃森"在这场比赛中能否超越这两名选手获得最高奖金?很多

---

[1] 郑悦.《沃森》的商业未来 [J].IT 经理世界,2011(12):80-81.

人都期待着这场别开生面的人机大战。其实这场比赛对"沃森"的难度明显要高于人类选手,因为《危险边缘》的提问中常常带有很多微妙的、暗示性、讽刺性甚至脑筋急转弯式的表达,所以"沃森"在作答之前还必须理解人类的自然语言,以应对这些"狡猾"的提问。在参赛前,"沃森"的幕后团队就对它进行了上百次训练。"沃森"在比赛时是不允许联网的,只能依靠其内部存储资料库来作答。

那么"沃森"是如何进行益智问答游戏的呢?主要还是依靠其高速的计算能力。当"沃森"被问到一个问题时,100多种运算法则会同时对问题进行解析,然后得出多种可能的答案,随后另一组算法会对这些答案进行分析、评估,并给出分数。对每种答案,"沃森"都会找到支撑它的证据,然后对这些证据能够支撑答案的程度进行打分,分数越高,代表评估效果越好,"沃森"的信心值也就越高,最终评估分数最高的答案会成为"沃森"提交的答案。若评估分数最高的答案无法达到"沃森"的信心阈值,它就会放弃这次作答,以免答错扣分而输掉奖金。这一系列的计算都是在3秒内完成的,这显示了"沃森"非凡的运算能力。

毫无悬念,这场比赛的结果是"沃森"取得胜利。经过三天比赛结果的累积,"沃森"的最终成绩达到了77147美元,大幅领先于另外两名选手,另外两名选手分别获得了24000美元和21600美元。《危险边缘》的制片人说:"这是电脑获取的知识与最优秀的选手获取的知识之间的一种较量。"其实不论最终结果如何,"沃森"都是人工智能领域的一大突破,是人类文明进步的成果。"沃森"随后被应用到医疗领域,在协助医生诊断病情等方面发挥了重要作用。

三、谷歌阿尔法狗与围棋冠军李世石之战

2016 年 3 月,在韩国首尔举行的谷歌人工智能阿尔法狗与韩国围棋选手李世石的对弈,引起了全世界的广泛关注,一时间占据了舆论热点。这是一场人们期待已久的人机大战,在人工智能发展史甚至是人类文明史上都极为重要。

参赛选手阿尔法狗是由谷歌旗下 DeepMind 公司戴密斯·哈萨比斯(Demis Hassabis)领衔的团队开发的一款围棋人工智能机器,具有深度学习的能力。在与李世石进行人机大战之前,它已经战胜过很多优秀的围棋选手:2015 年,阿尔法狗以 5:0 的成绩横扫欧洲围棋冠军樊麾,这在围棋人工智能领域算是一次史无前例的突破。以这样骄人的战绩一路对决下来,阿尔法狗的实力不容小觑。而李世石作为职业九段、世界顶级围棋选手,他的计算能力和对棋局的把握能力绝对是处于世界顶尖位置的。一个是"杀出来的黑马",一个是"常胜将军",这场对弈从一开始就获得了万众瞩目,人们纷纷猜测人工智能到底能不能战胜顶级围棋选手。

前面我们也谈到了,1997 年 IBM"深蓝"战胜了著名国际象

棋选手卡斯帕罗夫。而这场关于围棋的对弈却晚了将近二十年，原因在于围棋的算法是最难、最复杂的。围棋虽然规则不多，但棋路千变万化，任何一个落子都有可能改变整个战局。正如阿尔法狗与樊麾之战的裁判托比·万宁（Toby Manning）说的："围棋是世界上最为复杂的智力游戏之一。它的规则非常简单，但这些规则却导致了棋局的复杂性。"故而围棋人工智能的研究难度要大得多。阿尔法狗被研制出来后，其本身就具有超强计算功能，机器运算能力在对弈过程中呈指数上升，并形成储存记忆，所以它能很快成长为一名优秀的围棋手。

这场比赛于 2016 年 3 月 9 日在韩国首尔举行，因为阿尔法狗在研制中是按照中国围棋规则设定的，所以本次比赛也采取中国的围棋判定规则。在比赛还未开始时，大部分人看好李世石，就连李世石本人在分析了阿尔法狗与樊麾的对弈后，也认为阿尔法狗目前的围棋水平最多只能到职业三段，所以直到比赛当天，整个舆论导向都是非常乐观的。另外，谷歌在代表阿尔法狗向李世石发起围棋人机大战五番棋的挑战时，设定了一百万美金作为胜利者的奖励。若李世石胜利就能名利双收，同时也能捍卫人类智慧的尊严；若阿尔法狗胜利，这笔奖金将被用于公益事业。

在第一局比赛中，李世石一开始还下得比较顺利，后来慢慢就有些慌乱，举棋不定，每下一步都要反复思考很长时间，这让人们为他捏了把汗。反观阿尔法狗，却显得运作自如。在阿尔法狗的步步紧逼下，李世石最终投子认输。这个结局是出乎意料、令人汗颜的,李世石自己也没想到会输给一个人工智能机器人,不少人开始悲观地认为李世石接下来的几局也会输给阿尔法狗。当然也有些人认为这才只是开始,李世石完全有机会反超,最终谁胜谁负还不一定呢。然而接下来的几局同样不太乐观,李世石难以抵抗阿尔法狗的攻势,每一步都下得异常艰难,所以第二局、第三局的结果都是阿尔法狗获胜。这场人机大战的最终结果已见分晓,让很多人大跌眼镜,悲观的情绪开始蔓延。

为了给阿尔法狗更多学习和讨教的机会,第四局和第五局仍然照常进行。对李世石而言,他已经卸掉了外界的重重压力,胜负如何已不重要,这两局更多的是观察研究,试图发现阿尔法狗算法中存在的漏洞,以寻找到更好的攻破契机。第四局时,几个回合下来,李世石明显感到有点吃力,阿尔法狗不经意的几个落子就扰乱了李世石的思路,在人们感到这局李世石获胜无望的时候,李世石的能力终于爆发了,他落下关键性的一颗棋子,古力九段评之为"神之一手"。这步棋是阿尔法狗没有计算到的,它没有办法跳过这个问题,出现了混乱,不得不中盘认输。正是这关键性的一步棋,让李世石成功拿下第四局,人们纷纷为之喝彩。虽然在最后一局的比赛中,李世石还是败给了阿尔法狗,但整个过程非常精彩,李世石似乎已经慢慢找到了和阿尔法狗对弈的技巧。

这场人机大战从3月9日开始,到3月15日结束。比赛的结果已经不那么重要。人工智能是人类科技发展进步的标志,况且像阿尔法狗这种人工智能,并不是简单的传统软件编程的穷举,它拥有自己的计算思维方式。据谷歌的科学家分析,阿尔法狗的"大脑"具有深度感知、深度模仿、自学成长和全局分析的能力。在与李世石进行大战之前,它早就和许多围棋高手进行过对决。在这些切磋中,它不断地学习,扩充自己的知识储备,通过不断练习积累经验,记住那些好的下法。所以李世石对抗的不是一个简单的人工智能,而是一群围棋高手,这就不难解释为什么阿尔法狗能一次次获得胜利了。

阿尔法狗与李世石的这场对战意义重大,它标志着人工智能机器已发展到新的水平。但是我们的目光不能局限于这一次事件,片面地为人类败给了机器而沮丧。人工智能的发展是科学技术的进步,其最终目的是人类能够获得更好的生活。正如吴军博士提到:"未来的社会,一定属于那些具有创意的人,包括计算机科学家,而不属于掌握一个技能做重复性工作的人。"

第三章

智能化社会中的日常生活

主题导航

1 当无人驾驶汽车驶进人类社会

2 智能家居如何改变生活

3 当餐饮遭遇人工智能

4 智能化媒体

5 聊天机器人

　　随着人工智能技术的飞速发展,人工智能愈加快速而深刻地改变着人们的日常生活和社会场景。人工智能与我们生活的联系越来越密切,给我们熟悉的医疗、汽车、家居、教育等场景带来了革命性的改变,催生出许多新事物、新场景,旧事物也渐渐表现出了新形态。人类曾经梦寐以求的事物正在成为现实。

第一节 当无人驾驶汽车驶进人类社会

💡 你知道吗？

　　2019 年 4 月，新闻媒体报道称，国内 8 家公司的无人自动驾驶汽车在北京市内的行驶里程达到了将近 16 万千米。然而，出乎意料的是，其中北京百度网讯科技有限公司（以下简称百度公司）的无人驾驶汽车的行驶里程达到了近 14 万千米，这就意味着百度公司的无人驾驶汽车的行驶里程占据 2018 年无人驾驶汽车总测试里程的 90% 以上。该报道进一步称，百度公司的无人驾驶技术不仅在国内遥遥领先，在国际同行业中也处于领先水平。

　　在国内，北京是第一座开放无人驾驶汽车上路测验的城市。相关统计数据显示，不仅诸如北京、上海等一线城市开放了无人驾驶汽车上路测验，长沙等一些二三线城市也开放了无人驾驶汽车上路测试。此外，百度公司已经与长沙市就无人驾驶汽车建立了深度合作关系。从北京、上海到长沙，意味着无人驾驶汽车将走进更多人的日常生活。由此，我们可以看到无人驾驶汽车的广阔前景。2017 年 12 月 14 日，我国工业和信息化部印发了《促进新一代人工智能产业发展三年行动计划（2018—2020年）》，该计划指出："到2020年，建立可靠、安全、实时性强的智能网联汽车智能化平台，形成平台相关标准，支撑高度自动驾驶（HA级）。"

资料链接

2020年，新冠肺炎席卷全球。在武汉，京东利用无人配送车来承担部分运输任务。武汉第九医院与京东物流武汉仁和站的距离有600米。疫情出现后，这个站点开始用智能物流车来配送医院的医疗物资，节省人力的同时也避免了接触感染。

（来源：腾讯新闻《零接触配送：疫情下的无人驾驶》）

一、无人驾驶汽车的登场

或许大家对无人驾驶技术并不陌生。从前我们只能在电影画面中看到这种技术，但现在它离我们的日常生活越来越近，虽然像电影《蝙蝠侠》中出现的那种完全自动化的无人驾驶汽车目前还难以实现，因为那种汽车能够在所有人类驾驶者可以应付的道路和环境条件下均由自动驾驶系统自主完成所有驾驶操作，而现有的技术条件还不能达到这个水平。我们这里所讲的是部分自动化的无人驾驶汽车的运作过程。无人驾驶汽车主要有三大

零接触配送:疫情下的无人驾驶

系统功能:汽车传感相关系统功能;汽车计算相关系统功能,也就是人们所说的人工智能;汽车控制相关系统功能,如控制油门、刹车、方向盘等。传感系统能帮助无人驾驶汽车探测所处环境,有专门的子系统来控制传感器并处理传感器收集到的数据。传感器可以是收集图形数据的摄像头,也可以是通过无线电波探测物体的雷达等。汽车内部的人工智能会通过算法模拟汽车周围环境,同时不断接收新的传感器数据,随时更新模型。与传感器数据融合之后,人工智能需要决定应该采取何种行动,然后向汽车的控制系统发出合适的指令,并执行这些指令。这就类似于人的眼睛在接收了视觉图像后,图像会传送到人的大脑,人的大脑会构建出一个周围世界的模型,并推断身体下一步该做什么。

一个有意思的细节是,无人驾驶汽车不再需要驾驶员随身携带车钥匙。无人驾驶汽车允许使用者建立自己的账号,而使用者的指纹、声音、人像等则是这一账号的密码。也就是说,当使用者通过指纹、声音、人像等方式登录自己的账号后,无人驾驶汽车的系统就会自动将汽车打开,并自动调整座椅、车内温度、后视镜等。

下面,让我们大致梳理一下中国无人驾驶汽车的发展历程。

1992年,国防科技大学成功研制出中国第一辆无人驾驶汽车。

九十年代后期,清华大学成功研发无人驾驶汽车(THMR系列)。

2003年,清华大学成功研制THMR-V型无人驾驶汽车,车速最高可达到150千米/时。

2011年7月,国防科技大学与一汽集团合作研发的红旗

HQ3 无人驾驶汽车首次完成了从长沙到武汉的高速全程无人驾驶试验，行驶时间为 3 小时 22 分，总里程为 286 千米。行驶过程中，HQ3 还根据实际路况完成自主超车 67 次，这是中国自主研发的无人驾驶汽车的新纪录。

2015 年，百度公司研发的无人驾驶汽车在国内首次实现城市、环路及高速道路混合路况下的全自动驾驶，车速最高达到了 100 千米／时。同年，宇通大型客车完成全开放道路状况下自动驾驶的试验。

2016 年，百度公司与乌镇旅游合作，宣布将在乌镇景区道路上实现 Level4 的无人驾驶。这是国内无人驾驶汽车首次与景区进行战略合作。

2018 年，百度公司自主研发的阿波罗（Apollo）无人驾驶汽车登上中央电视台春节联欢晚会的舞台，在新通车不久的港珠澳大桥上跑出"8"字交叉的高难度动作。

在国外，无人驾驶汽车的历史可以追溯到二十世纪二三十年代，但无人驾驶汽车取得突破性进展则是二十世纪末期的事情。二十世纪八十年代，德国慕尼黑联邦国防军大学研发出基于视觉的无人驾驶汽车，这标志着无人驾驶汽车的初步出现。总体观之，国外无人驾驶汽车的发展主要经历了下述历程。

1986 年，全球第一辆由计算机驾驶的汽车 Navlab1 面世。

1995 年，美国卡内基梅隆大学研发的一款无人驾驶汽车成功完成了五千多千米的高速公路无人驾驶试验。

2004—2007年,美国举办了3届DARPA无人驾驶汽车挑战赛。第一届和第二届分别于2004年3月和2005年10月在美国莫哈韦沙漠举行,第三届于2007年在美国加州维克多维尔市举行。

2009年,谷歌公司宣布开始研发无人驾驶汽车技术,研发团队由美国斯坦福大学人工智能实验室主任塞巴斯蒂安·特龙（Sebastian Thrun）领衔。

2012年,美国内华达州为谷歌公司颁发了第一张无人驾驶牌照。

2013年,许多汽车巨头（如日产、宝马、奥迪、福特、沃尔沃等）瞄准无人驾驶汽车市场,纷纷入局无人驾驶汽车领域,一些创业公司（如nuTonomy、Zoox）也开始入局这一领域。

2015年,特斯拉推出半自动驾驶系统Autopilot。

2016年, Uber无人驾驶汽车进行上路测试。同年,通用汽车宣布收购Cruise Automation,正式进军无人驾驶汽车领域。

二、什么是无人驾驶汽车

在了解了无人驾驶汽车在国内外的大致发展历程之后,大家一定很好奇究竟什么是无人驾驶汽车,无人驾驶汽车是如何工作的。

无人驾驶汽车是现代科学技术发展的必然产物。所谓无人驾驶汽车,顾名思义,就是不需要司机便可行驶的汽车,是无须人工操作就能够自动行驶的汽车,一般又被称为"机器人汽车"。其实,在无人驾驶汽车的行驶过程中,驾驶员的多项工作都被机器所替代了,这正是人工智能的要义。具体而言,无人驾驶汽车使用许多计算机视觉技术与传感技术来获取行驶过程中的道路状况信息,并据此调整行驶的方向和速度,以顺利到达目的地。

正如前面我们所提及的,人工智能的精髓在于机器能够像人一样思考,即实现对人类智能的模拟。众所周知,人是具有感觉系统的动物,人能够实现对周遭事物的感知。那么,机器如何从这个角度实现对人的模拟呢?换句话说,机器如何实现对周遭事物的感知呢?对无人驾驶汽车而言,这个问题的答案藏在传感器里面,无人驾驶汽车通过传感器达成对周边环境的感知乃至预测。从这个意义而言,传感器就像人的感知器官一样。可能会让人感到惊奇的是,借助传感器,机器不仅能够实现对"显在"环境的感知,还能实现对"潜在"环境的感知。

传感器,一个听上去十分高大上的科技术语,但其实它早已在我们的日常生活中延伸开来。例如,智能手机和汽车里的导航都是借助传感器工作的。为实现对不同事物的感知,传感器也发展出了不同的类型,主要有方位传感器、温度传感器、气体传感器、光线传感器等。

三、无人驾驶汽车的利与弊

2011 年 6 月,美国内华达州通过了一项有关无人驾驶汽车的法律,该州成为世界上第一个允许无人驾驶汽车在一般道路上合法行驶的行政区域。在这项法律中,无人驾驶汽车被定义为整合了人工智能、传感器与全球定位系统等技术而能够在无须人工控制的条件下自动驾驶的机动交通工具。2017 年,美国众议院通过了《自动驾驶法案》,这是首次对无人驾驶汽车从生产到发布进行管理的法案。相关调查数据显示,截至 2017 年 8 月,美国已经有20 个州颁布、实施了 40 个关于无人驾驶的法案和行政命令。

通过前面的讲述可以看出,无人驾驶汽车已经开始走进人们的日常生活,然而,我们要认清这样一个事实:在全球范围内,虽然无人驾驶汽车已经给人们的生活带来较大便利,但是,无人驾驶汽车相关技术还未达到成熟应用阶段。美国汽车巨头沃尔沃将无人驾驶汽车的自动化水平划分为以下四个阶段。

1. 驾驶辅助阶段。在这一阶段,汽车驾驶辅助系统可以为驾驶员反馈一些关键信息,若行驶过程中出现道路危险情况,驾驶辅助系统会发出警告。

2. 部分自动化阶段。在行驶过程中,若驾驶员接收到驾驶辅助系统发出的警告后未能及时采取必要行动,汽车的部分自动化系统便会自动干预,以避免险情的出现。

3. 高度自动化阶段。汽车的高度自动化驾驶依赖于高度自动化系统,凭借这一系统,汽车能够完全自主执行驾驶任务,但是仍然离不开驾驶员的在场监控,在必要时刻采取必要行动。

4. 完全自动化阶段。在该阶段,借助完全自动化系统,汽车在行驶过程中不仅无须驾驶员监控,还允许其从事其他活动。

虽然无人驾驶汽车现在还不能达到遍布大街小巷的普及程度,但是其给人类社会生活可能带来的便利却是可以预见的。无人驾驶汽车之于人类社会至少存在以下几个方面的便利。

首先,无人驾驶汽车对人类社会的最大便利就是计算机技术取代了驾驶员的工作,昔日的汽车驾驶员在汽车行驶过程中可以随心所欲地开展自己的活动。其次,汽车无须驾驶员便可行驶,这在一定程度上方便了老年人、残疾人以及不具有驾驶技能的人群。再次,由于无人驾驶汽车在行驶过程中依赖于一系列计算和感知技术,这在一定程度上降低了行车风险。此外,无人驾驶汽车还可以降低因驾驶员疲劳驾驶或醉酒驾驶而导致的交通事故的发生率。

当然,我们也应该清晰地认识到,目前无人驾驶技术尚未完全成熟或达到可大范围应用的程度,甚至可能还存在潜在的风险。其实,这种潜在的风险在现实生活中已经在发生了。例如,2016 年 6 月 30 日,美国佛罗里达州一辆特斯拉的无人驾驶汽车在行驶过程中与一辆大型拖挂卡车相撞,这一事故导致拖挂卡车驾驶员丧生。事故发生后,根据特斯拉官方的解释,由于事故车辆在自动驾驶模式下未能准确、及时辨别出拖挂卡车的变道行为,最终导致两车相撞而发生悲剧。然而,一个更为棘手的问题是:谁应该为此事故负责?是机器,还是机器的制造者?抑或主宰机器运作逻辑的程序 / 算法设计者?

总而言之,虽然无人驾驶汽车已经显示出诱人的前景,但是,无人驾驶汽车如何合法上路,如何限定相关交通事故中的权责以及如何进行司法裁决等,仍是亟须解决的现实问题。目前,大多数国家还没有制定出比较完善且行之有效的相关政策法规,这将是或已经是无人驾驶技术发展史上的一道难题。

第二节　智能家居如何改变生活

你知道吗?

2017 年 12 月 14 日,我国工业和信息化部印发了《促进新一代人工智能产业发展三年行动计划(2018—2020年)》,该计划指出:"到 2020 年,智能家居产品类别明显丰富,智能电视市场渗透率达到 90% 以上,安防产品智能化水平显著提升。"2017 年,由腾讯研究院发起的一次有关人工智能社会接受状况的大型调查中(2968 位被调查参与),当被问及"您希望在哪些领域使用人工智能"时,83.9% 的被调查者选择了智能家居/家政领域。

　　2020年春节,我为家人购买了一款天猫精灵音响。可别小看这款音响,它的功能十分强大。当通过蓝牙将这款音响与电脑连接时,它不仅可以播放音乐,还能够关闭电脑。当把这款音响与装有智能灯泡的台灯连接在一起时,我们可以对着音响说"天猫精灵,请打开灯"或"天猫精灵,请关闭灯",听到指令后,它便会自动将台灯打开或关闭。其实,它的功能不止这些,我们还可以对它说"播放音乐""说段相声"等,听到这些指令后,它同样可以快速、准确地执行这些指令。是不是很神奇呢? 这只是智能家居一个小小的缩影。现在在一些城市里,智能家居已经很大地改变了人们的日常生活。

　　那么,当智能家居出现在我们的日常生活中,我们的生活会发生怎样的神奇变化呢? 让我们先从比尔·盖茨(Bill Gates)的"未来屋"开始看看吧!

一、比尔·盖茨的"未来屋"

　　比尔·盖茨不仅是著名科技巨头微软的创始人,也是曾经的世界首富。很多人可能不知道,比尔·盖茨还是世界上第一个使用智能家居的人,他的大型科技豪宅"未来屋"坐落在美国西雅图的华盛顿湖畔,"1835 73rd Ave NE, Medina, WA98039"。根据媒体报道,整座科技豪宅共有长达84千米的光纤缆线,但神奇的是,不管是从室内还是从室外观察,都看不到任何缆线或者插座,它们全部隐蔽在地下或建筑物内部。在比尔·盖茨的这座智能型豪宅内,所有家电都是经由无线网络连接的,地板的温度也由计算机控制。根据媒体报道,比尔·盖茨的这座大型科技豪宅耗时 7 年建成,共花费了 6300 万美元。

智能家居的英文是 Smart Home 或 Home Automation,是由人工智能和家居相结合而产生的一种家居实践,更准确地说,是将人工智能技术应用于家居场景。1984 年,美国联合科技公司将建筑设备信息化、整合化概念应用于哈特佛市的都市办公大楼(City Place Building),这标志着世界上第一栋"智能型建筑"的问世。由此,人类社会智能家居发展的序幕也被拉开了。此后,智能家居的概念在美国、澳大利亚、德国、日本等发达国家广泛传播,这些国家还产生了具体的实施方案。例如,1998 年,新加坡在'98 亚洲家庭电器与电子消费品国际展览会"上推出了新加坡模式的家庭智能化系统。2007 年以后,欧洲的智能家居产业进入快速发展阶段。

当你阅读智能家居的相关书籍,或听到别人谈论相关事物时,你可能会听到"数字家庭""网络家电""家庭自动化"等名词。其实,这些概念所指向的事物都是智能家居,或者说是将人工智能运用于家庭生活的具体场景。究其本质,智能家居以人工智能为基础和方式,以提高家庭生活品质为最终目的。

有研究者将人工智能与家居的融合发展过程划分为三个阶段。第一个阶段是控制,即借助人工智能技术实现对家居不同程度的控制,例如,定时开放、远程开关等。第二个阶段是反馈,即智能家居将收集到的相关数据整合处理后及时反馈给用户,以便用户更好地做出决策,例如,智能冰箱不仅能够分门别类地告诉用户不同种类食物的保质期,还能够根据冰箱里储存的食物种类进行搭配,然后将营养、健康的食谱传送给用户。再如,智能电视可以根据用户收看电视的频次和时长,计算后反馈给用户是否过度使用眼睛等信息。第三个阶段是融合,这一阶段可以说是智能家居的高级阶段,在该阶段,智能家居不仅能够与人对话,而且能够快速、准确地识别出人的喜、怒、哀、乐等复杂情绪,采取相应的行动予以应对。也有人认为,上述第一阶段为智能家居 Web 1.0时代,第二个阶段和第三个阶段是 Web 2.0 时代,并且认为第二个阶段和第三个阶段才算进入了真正意义上的智能阶段。

美国家庭自动化协会(Home Automation Association,简称HAA)认为,所谓智能家居就是一个使用不同智能方法或智能设备提高人类生活能力和生活水平的过程,以此使家庭生活变得更安全、更舒适、更人性化。有研究者认为,智能安防、家庭影院等属于传统智能家居类型,而气体传感器、宠物自动喂食器等以传感技术、物联网技术为支撑的家居才是新型智能家居。相关调查数据显示,早在 2011 年,美国的智能家居市场规模就已经达到 34亿美元,而 2016 年则已接近 100 亿美元。

二、智能家居的巨头们

在智能家居的发展过程中,产生了许多从事智能家居研发和经营的企业组织,在某种程度上,它们是智能家居发展和普及的重要社会推动力量之一。这里,我们仅介绍美国的微软公司、苹果公司、谷歌公司,韩国的三星公司以及我国的海尔公司,它们是智能家居领域的先行者和推动者。通过它们的发展,我们可以窥见智能家居的大致发展历程。

(一)微软

美国科技巨头微软公司在智能家居领域较早地进行了尝试。1999 年 3 月初,比尔·盖茨来到深圳推行他的"维纳斯计划"(The Venus Project)。1999 年 3 月 11 日,比尔·盖茨在深圳"维纳斯计划"发布会上的演讲中说:"美国以外的国家,上网人口的比例就相对较低,例如欧洲互联网的状况要比美国落后三年,只有 5% 的人上网。'维纳斯计划'是一个以 Windows CE 为核心的项目。今年下半年或明年,'维纳斯'的硬件产品将面市。现在,芯片厂商对此已经有了很大的投入,这将使'维纳斯'功能更强大,并降低产品的成本。"[1]"维纳斯计划"不仅面向中国,也面向全球许多国家。据媒体报道,微软不惜耗资 10 多亿美元来推行这一计划,然而,不幸的是,这个计划最终以失败告终。

---

[1] 张庆文. 破译比尔·盖茨 [M]. 北京:中国国际广播出版社,1999：407.

2014 年是微软进军智能家居领域的标志性时刻,其三大动作值得关注:1. 微软高调加入由 LG、高通等 50 余家科技巨头组成的 AllSeen 联盟,该联盟的宗旨在于建立智能家居的行业标准和新的技术规范;2. 微软开始与智能家居设备生产商 Insteon 展开合作;3. 微软与美国家庭保险集团联合推出家居自动化领域的相关扶植项目。

2017 年,微软与美国江森自控有限公司(Johnson Controls,又译为约翰逊控制有限公司)联合开发了温控器 GLAS,这被认为是微软进入智能家居领域的重要标志。另一方面,微软亦不断尝试对语音助手 Cortana 进行升级再造,现已与 TP-Link、Honeywell、IFTTT 等多家智能家居设备厂商展开合作。未来 Cortana 将直接支持控制这些厂商的智能家居产

资料链接

2003 年 6 月 24 日,英特尔、微软、索尼等 IT、AV 和通信领域的 17 家国际巨头联合成立"数字家庭工作组(DHWG)",旨在推动统一的数字家庭的网络连接、信息格式的标准建设;紧接着,联想、TCL 等 5 家国内企业联合成立了旨在推动终端设备之间协同作战的关联应用技术协议的"信息设备资源共享协同服务标准化工作组(IGRS,或称为闪联)"。

(来源:徐卓农.智能家居系统的现状与发展综述 [J]. 电气自动化,2004 年第 3 期)

品,实现与诸多智能家居设备的有效整合。总体而言,在智能家居领域,微软虽较早地进行了尝试,但与苹果、三星、谷歌相比,有些姗姗来迟。

（二）苹果

2014年,苹果公司在美国旧金山举行的苹果开发者大会（WWDC 2014）上,对外公布了其智能家居平台HomeKit,这是苹果公司进军智能家居领域的标志性动作。在HomeKit首页写着:"添加灯、门锁、恒温器和其他支持HomeKit的配件,打造属于您的互联家庭。"简而言之,HomeKit是一个可以控制台灯、电源插座、电视、洗衣机、窗帘、门锁、空调等一系列家居用品的智慧平台。一年之后,即2015年6月,第一批采用苹果智能家居技术的产品对外发布。这些产品来自Lutron, Insteon, Elgato, ecobee和iHome等五家厂商,可通过iPhone, iPad或iPod Touch来控制灯光、室内温度、风扇,以及其他家用电器。[1]

2017年,苹果公司与富力地产合作,在北京国贸建了一个智能家居的样板间,吸引了大量人的关注。该样板间可以通过苹果手机中的Siri语音打开/关闭门锁,还可以自动调节灯光、窗帘等。

（三）谷歌

谷歌,即Google,是一家位于美国的跨国科技企业,也被认为是全球最大的搜索引擎公司。2014年1月13日,谷歌以32亿美

---

[1] 宋滟泓.苹果HomeKit首批产品问世 大佬云集智能家居行业抢先机[J].IT时代周刊,2015（7）:27-28.

元收购了智能家居设备企业 Nest Labs,这标志着谷歌进军智能家居领域。截至 2018 年底,Google Home 在美国的占有率从 2017 年的 8% 增长到 23%。[1]

你听说过 Google Home 吗? 简单来说,Google Home 是一款由谷歌公司研发并已经推向市场的智能家居设备,用户可以通过与其进行语音对话进而控制家庭设备。2016 年 5 月 19 日,谷歌在年度 I/O 开发者大会上推出了这款产品,同年 10 月 5 日,谷歌发布了可以由语音助理声控的 Google Home,也就是说,用户只需要通过语音告诉 Google Home 相关指令,它便可以实现对用户家庭的灯光、音响、恒温器等设备的控制,担任家庭控制中心的角色。现在,Google Home 在中国也不过千元。总体而言,Google Home 的功能非常强大,其用户总结出十余项常用功能,例如,控制智能家电设备、播报新闻、拨打电话、遥控电视等,更不可思议的是,Google Home 还可以帮助用户寻找遗失的手机。

目前,谷歌智能家居形成了以 Google Home 智能音箱和 Google Assistant 语音助手为核心的矩阵。截至 2018 年,Google Assistant 已经能够操控 5000 个智能家居设备,基本涵盖了美国所有的主流家电品牌,相较之下,苹果的 HomeKit 和 Siri 只支持 200 个。[2]

---

[1] 极客瞭望台 .Alexa、Google Home 市场占有率强劲, HomePod 只是配角 [EB/OL].https://baijiahao.baidu.com/s?id=1621145649742129856&wfr=spider&for=pc.

[2] 闽南网 . 谷歌 Home 已支持 5000 个智能家居设备,苹果仅 200 个 [EB/OL].http://www.mnw.cn/news/digi/1989992.html.

（四）三星

在智能家居领域，三星可以说一直担任着领头羊的角色，它较早地推出了智能家电产品（如智能冰箱、智能电视、智能洗衣机等）。近年来，三星也积极地拓展自己的智能家居版图，例如，2014 年 8 月，三星以 2 亿美元的不菲价格收购了物联网公司 SmartThings。2014 年，三星在美国国际消费电子展（简称 CES）上首次展示了 Smart Home 智能家居平台，其与智能电器连接后便可进行相关智能操作。两年后，即 2016 年底，三星又用 80 亿美元兼并了音响巨头哈曼国际。2018 年，三星联合电商巨头京东开发了 AI 电视 70A。2019 年 6 月，三星推出灯泡、插座、摄像头等三款 SmartThings 系列的智能家居产品。

（五）海尔

尽管中国的智能家居起步较晚，但发展迅猛。从整体来看，大致经历了以下发展历程。

20 世纪 90 年代，国内对智能家居还比较陌生，也没有相关生产产业，在深圳仅有一两家从事智能家居代理业务的公司。

2000 年以来，智能家居的概念在国内被更多人接受。2003 年，大量国外智能家居产品开始进入中国。同时，在北京、上海、天津、深圳等地出现了多家智能家居研发和生产的企业。

2010 年以后，国内智能家居进入大发展时期，海尔、小米、华为等科技公司在智能家居领域有着不俗表现。

公司总部位于青岛的海尔集团是国内智能家居生产的佼佼

者。1997 年,海尔便推出了全球首套网络家电产品。2003 年,海尔成立"e 家佳"联盟。2010 年,海尔在上海世博会推出物联网系列家电,赢得了全球的关注。2018 年,海尔在美国 CES 上推出了全球首款投影可穿戴设备 ASU Watch。

三、智能家居正在改变生活

北京大学谭营教授认为,目前在人们的日常生活中,常见的智能家居可分为三种类型。一是娱乐类智能家居。所谓娱乐类智能家居,就是为了满足家庭娱乐功能而制造的智能家居设备。例如,数字客厅、家庭影院等智能家居,它们给居家生活体验带来了多重感受。二是安防类智能家居,主要是指让人工智能技术增强家庭的安全性。例如,近年来指纹锁受到越来越多家庭的青睐。三是控制类智能家居。例如一些品牌的电饭煲,人们可以在上班之前将大米淘洗后放在电饭煲内,即将下班回家的时候通过相关手机 App 对其进行控制。可以说,控制类智能家居是应用最广泛的。

但是,智能家居还有一些不容忽视的缺点。首先是目前其成本较高,限制了其普及性,使其难以在短期内走进"寻常百姓家"。例如,20 世纪末,在美国安装一套家庭自动化设备,花费在7000—9000 美元之间,当时,美国具有家庭自动化设备的家庭仅为 0.33%。其次,智能家居的使用具有一定技术门槛,老年人、残疾人等特殊人群难以充分使用。再次,智能家居质量参差不齐,产品标准不统一,有时甚至真假难辨。例如,有人发现一些指纹锁不但价格不菲,而且其安全性远远不如传统机械锁,而相对可靠的品牌指纹锁,在实际市场中往往真假难辨。

相关调查数据显示,预计到 2022 年,全球智能家居市场规模将达到 1220 亿美元。在全球智能家居市场结构中,美国市场容量最大,紧随其后的依次是日本、德国、中国和英国。

四、智能家居的安全漏洞

毫无疑问,智能家居是建立在一系列硬件、软件以及大数据处理、复杂算法基础之上来运行的,那么,在这一系列的运作过程中,如何保证数据和运算逻辑不被黑客更改、破坏,乃至控制呢?这是关系到智能家居未来发展的关键问题。在智能家居的发展过程中,人类必须对这一问题给予足够的重视和警惕,这一问题也已经引起智能家居实践者和研究者的关注。

这当然不是杞人忧天。2013 年 7 月 27 日—8 月 1 日在美国拉斯维加斯召开的黑帽大会上,有两名黑客通过入侵智能电视监控了使用者的日常生活,不仅在电视处于打开状态时进行监控,在智能电视处于关闭状态时同样进行了监控。近年来,随着智能家居的发展,我国也出现了类似的隐私安全事件。

浙江大学的王米成将智能家居的安全问题划分为以下三种

类型:破坏产品功能、控制家居以及影响人类生活。在这三种类型中,影响人类生活最为严重,最值得警惕。具体而言,破坏产品功能就是黑客入侵智能家居产品,导致其原有的某些正常功能不同程度地失灵;控制家居又被称为破坏家居,这一类型的安全问题比破坏产品功能更为严重,具体是指黑客实现对智能家居的控制,为达到特定入侵目的而使其持续工作或超负荷工作,最终导致智能家居产品的毁坏;影响人类生活是指黑客通过盗取智能家居使用者的隐私数据而对使用者的生活造成困扰。

对智能家居使用者而言,不仅要提高使用过程中的安全意识,还要有意识地掌握一些安全使用方法。例如,购置智能家居后,及时更改原始默认密码,并在使用过程中经常更换密码;尽量不要购买二手的智能家居设备;条件允许的情况下,要为智能家居设备设置防火墙。

第三节　当餐饮遭遇人工智能

💡 你知道吗？

2018年10月，京东无人餐厅"X未来餐厅"在天津开门营业。在人工智能的辅助下，这家餐厅从点餐、上菜到结账等环节都无须人工，更让人惊讶的是，就连厨师也是机器人。在机器人厨师上岗之前，京东邀请多位知名厨师制作了一份包含40多道菜的菜谱。

根据《华盛顿邮报》的相关报道，与20世纪相较，基于人力成本及效率的考量，当下越来越多的机器人走进了餐厅的厨房。其实，被称为"世界第一家"的机器人餐厅2010年在济南出现，其耗资高达5000万元，占地面积达2300平方米。它的面世引发了美联社、法新社等国际主流媒体的关注。

衣食住行是人存在于这个世界的不同呈现方式。从前面部分的讲述中我们可以看到，在人工智能的影响下，人们日常生活中的住与行已经发生了很大变化。这样的变化也发生在食的层面，即人类有关吃的那些事与人工智能的融合，这推动了人类有关吃的那些事方方面面的变革。

《中国餐饮报告 2019》相关数据表明,2018 年中国餐饮市场规模已达 42716 亿元。[1] 与此同时,智能餐饮正在成为餐饮行业未来发展的新方向。这从以下两个方面可以看出一些端倪。

一、"刷脸吃饭" 重塑饮食体验

在人工智能的语境下,"刷脸吃饭" 已经不再是人们日常交流之中的戏谑语,而是当今时代正在发生的人类饮食创新。2016 年 12 月底,"全国首家人脸识别餐厅开业" 的新闻成为海内外新闻媒体关注的焦点。当时,百度公司联合肯德基在北京打造了一家人工智能

资料链接

2017 年 美 国《麻省理工科技评论》将 "刷脸支付"(paying with your face)列入 "2017 年全球十大突破性技术"。

餐厅。具体而言,顾客点餐时,人工智能点餐机通过图像识别系统扫描顾客的面部特征,进而测算出顾客的年龄、当时的心情,甚至就餐的喜好。

---

[1] 界面新闻.美团点评发布《中国餐饮报告 2019》:中国餐饮已达 4 万亿规模,供给侧数字化进程加快 [EB/OL].https://baijiahao.baidu.com/s?id=1629247479676477731&wfr=spider&for=pc.

最终，经过这一系列的操作过程，人工智能点餐机会将适合顾客的食物推荐给顾客。虽然这一过程听起来比较复杂和难以把握，但人工智能点餐机仅需 3—5 分钟便可以完成这一任务。根据新闻报道，更加智能的是，如果顾客是大约五十岁的女性，那么，人工智能点餐机则很有可能会将白粥和豆浆之类的食物推荐给顾客。如果顾客是二三十岁的男性，其将会推荐炸鸡、汉堡、可乐等食物。

由此观之，依托人工智能点餐机的"刷脸吃饭"已经不仅仅意味着就餐效率的提升和饮食的科学化、均衡化，还预示着新型科技将重新塑造人类的饮食体验，并将新型科技嵌入饮食日常仪式。这样一来，吃饭就不再单纯是"口腹之欲"，而是人类的一种新的生命／生活体验。

二、外卖机器人配送到家

外卖机器人正在成为可能。你一定听到过机器人在餐厅内送餐的新闻报道。其实，在人工智能的推动下，现在的机器人已经完全可以在室外配送外卖。美国就曾研发一个荷载 45 千克的单厢小车，即外卖配送机器人。在具体运作中，其运用了传感器、高清摄像头、导航系统等先进科技，借助这些先进技术，外卖配送机器人不仅可以准确地识别红绿灯，还能够快速躲避人流车流，进而保障外卖被安全、准确地送达目的地。点餐人只需在手机 App 上进行相关操作便可将外卖取出。近年来，外卖配送机器

APP点餐

外卖配送

荷载：45kg

"外卖机器人"正在成为可能

人在外卖场景中频繁出现,例如,美团公司的 Segway Robotics 机器人、Postmates 旗下的 Serve 机器人以及校园外卖配送机器人 KiwiBot,这些外卖机器人可以搭载 30—50 千克不等的货物。外卖机器人正在快速地走进我们的日常生活。

第四节　智能化媒体

💡 你知道吗?

　　你阅读过著名小说《格列佛游记》吗?你还记得书中描写的那个可以写书的机器吗?事实上,在今天的现实生活中,机器不仅能够写书,还能够从事新闻生产,即我们通常所说的“写新闻”。

　　2007 年,美国科技公司 Automated Insights 开发了一款能够编写财经和体育新闻的名为“Wordsmith”的应用软件,当时,美联社等一些媒体的一部分财经、体育的新闻报道就是由 Wordsmith 所编写的。美国 Narrative Science 公司和 Automated Insights 公司较早尝试将人工智能应用于新闻生产领域。此后，美国西北大学、芝加哥大学等研究机构纷纷投入人工智能新闻自动化生产系统的研发。

一、你认识"小封"吗

北京时间6月14日23时（俄罗斯当地时间18时），第21届世界杯揭幕战在莫斯科卢日尼基球场打响，A组东道主俄罗斯5比0大胜沙特，取得开门红，终结连续7场不胜。加津斯基头球首开纪录，扎戈耶夫因伤退场，替补他出场的切里舍夫扩大比分，成为世界杯历史上首位揭幕战进球的替补球员。下半时，高中锋久巴出场89秒就头槌破门。补时阶段，切里舍夫和戈洛温又连下两城，戈洛温此役还有两次助攻。

……

这是2018年6月15日一则关于第21届世界杯足球赛的新闻报道。你发现这则新闻报道与你平时阅读的新闻报道有什么不同了吗？没错，这篇新闻报道是由一个名叫"小封"的机器人写出来的。其实，小封不仅能够写新闻报道，还能够写诗歌，是一位文采飞扬的诗人。小封在《华西都市报》开设了《小封写诗》专栏，《时光漫步》《老朋友》便是它写的两首诗，它还写了《读书的夜晚》《冥想》《妈妈的轻语》《交换的生命》《女生》《阴影》等多篇诗歌。

时光漫步

一声吼叫之后

他把手放回胸前

用蚊子一般的声音说

总有一天我将离开

然后在梦中失去重量

只有目光还陪你散步

树叶在飘落

大地上堆满幻想

老朋友

屋外响起了敲门声

我们不再谈论童年

仿佛一切不再有什么关系

老朋友过得很好

音响缓缓开启

一个安静的故事

在橙色的山林上飘动

　　小封是封面传媒（隶属四川日报报业集团的新媒体公司）编号 Tcover0240 的正式员工。在封面传媒，小封不仅负责一些财经新闻、体育新闻、社会新闻、科技新闻等新闻的写作，还在"封面"App 里与大家一起聊时事新闻和社会新闻。

其实,与小封一样的"新闻记者",还有"快笔小新""张小明""Quakebot"等,它们都是受人工智能影响而产生的"新记者",也就是人们经常谈论的智能媒体的一部分。那么,究竟什么是智能媒体呢? 一般而言,所谓智能媒体就是人工智能辅助或人工智能自主地进行新闻内容的生产。在智能媒体从事新闻生产的语境下,人工智能(设备)正在取代一些新闻记者,从事新闻制作。

资料链接

2019 年 3 月 5 日,小封正式在封面新闻上开设《小封写诗》专栏,发表诗作,至今已经突破 200 首。小封的首部诗集《万物都相爱》已在 2019 年 3 月由四川文艺出版社出版,并将在 10 月 28 日封面传媒成立 4 周年大会上首发。《万物都相爱》一共收集了小封的诗作 150 首,按不同的主题分为 10 个篇章,每个篇章有 15 首。

(来源: 黄勇. 机器人小封首部诗集出版《万物都相爱》[N]. 华西都市报, 2019 年 10 月 27 日 A5 版)

二、智能化媒体的成长之路

2010 年 5 月，福布斯将写作机器人应用于体育、财经领域的新闻生产中；2014 年 3 月 17 日，美国洛杉矶发生里氏 4.4 级的浅源地震，地震发生后的 3 分钟内，《洛杉矶时报》的新闻网站便使用机器人 Quakebot 写出了关于地震的第一条新闻报道；同年 7 月，美联社将 Wordsmith 应用于财经类新闻报道。

在国内，2015 年 9 月，腾讯推送了由机器人"Dreamwriter（梦幻写手）"写作的新闻报道《8 月 CPI 同比上涨 2.0% 创 12 个月新高》，这被认为是机器人从事新闻写作在国内的第一次亮相，也标志着中国机器人新闻写作的起步。

2015 年 11 月，在新华社 84 岁生日之际，推出了名为"快笔小新"的新闻机器人，从事财经新闻的写作工作。根据媒体报道，快笔小新在 3 秒钟就可以写出一篇财报分析报道，不仅包括新闻标题和正文，还配有图表。目前，快笔小新可以根据用户提问或聊天关键字符推荐相关新闻资讯。从工作流程层面而言，快笔小新撰写完成的新闻稿件要由编辑或记者核对后才能够正式签发。

2016 年 2 月 18 日，搜狐推出了"智能报盘"，自动跟踪、捕捉股市动态并实时发布资讯。2016 年，国内新媒体巨头"今日头条"在里约奥运会期间推出了新闻机器人"张小明（XiaomingBot）"，当时主要从事体育赛事相关新闻报道。根据统计，里约奥运会的 16 天时间里，张小明生产出了大约 450 篇有关网球、足球、乒乓球、羽毛球的新闻报道,其读者人数达到 100 万人次。同年 6 月,第一财经将"DT 稿王"应用于财经类新闻生产。2017 年 1 月,南方都市报社将"小南"应用于社会新闻的报道中。

根据克里斯蒂安·哈蒙德(Kristian Hammond)预计,到二十一世纪二十年代中期,90% 的新闻将无须人工干预,实现自动化生产。

目前,机器人写作仅仅是初展头角,机器人能够从事报道的领域还比较有限,并不适用于所有的新闻报道。一般而言,眼下机器人新闻写作在体育、财经、气象以及健康等领域具有比较广泛的应用。《中国新媒体趋势报告(2016)》的相关数据显示,就财经新闻领域而言,2016 年第一季度机器人写出了大约 400 篇财经新闻报道,而让人难以想象的是,到了同年的第三季度,这一数字达到了 40000 余篇。

此外,联合国的相关数据显示,1960—2006 年底,全球已累计安装工业机器人 175 余万台;2005 年以来,全球每年新安装工业机器人达 10 万套以上 …… 这一数据还在增长。[1]

插上人工智能翅膀的新闻媒体不仅能够从事自动化新闻生产,还可以根据每个用户的实际需求和不同口味提供个性化定制与推送,这一功能背后依靠的便是算法推荐,这也是目前人工智能领域较为前沿的技术。那么,什么是算法推荐呢? 一般而言,

---

[1] 赵春林 . 领航人工智能:颠覆人类全部想象力的智能革命 [M]. 北京:现代出版社,2018 : 92.

算法推荐是计算机科学中的一个研究领域,又叫推荐算法,即根据用户的日常行为规律,通过一些数学算法推测出用户可能喜欢的内容,具体包括基于内容推荐、协同过滤推荐、基于规则推荐、基于效用推荐和基于知识推荐。美国社交媒体巨头脸书可以说是媒体领域较早实践算法推荐的媒体,其从 2006 年便开始尝试为用户推荐个性化的内容。

如果你已经掌握了一些法律知识,你可能会有这样的疑问:机器人创作的作品(诗歌、新闻报道等)具有知识产权吗?会受到相关法律法规的保护吗?

其实,这不仅是一个世界难题,也是科学技术变革给人类社会带来挑战的一个缩影。英国是世界上最早对机器生产的作品的著作权做出明确规定的国家,1988 年便颁布了相关规定,例如,"CGW(Computer Generated Work)与人类通常意义上的著作物不同,在法律规定的期限内,权利受到保护""保护期限为著作物诞生后的 50 年以内"[1] 然而,除了英国等少数国家,目前世界上大多数国家还缺少相关明确的法律规定,这在一定程度上给版权保护带来了困扰。

---

[1] [日] 野村直之 . 人工智能改变未来:工作方式、产业和社会的变革 [M]. 付天祺,译 . 北京:东方出版社,2018:130.

三、虚实之间的 VR

2016 年,北京故宫博物院借助互联网推出了北京故宫博物院 VR 全景,透过 VR 虚拟现实技术,使更多的人"亲身"感受北京故宫,游客不用亲身赶赴北京便可欣赏太和殿、文华殿和武英殿等紫禁城著名历史景观。

VR 作为一个时髦词和热点话题,已经频繁地出现在人们的日常生活之中,那么,究竟什么是我们经常提及的 VR 呢? 如何理解这一概念? VR 的英文名称为 Virtual Reality,简称 VR,对应的中文是"虚拟现实",这一称谓是由美国 VPL 公司创建人杰伦·拉尼尔(Jaron Lanier)提出的。所谓虚拟现实技术,就是通过影像技术创建和模拟一个同现实无限接近的虚拟仿真系统。具体而言,就是借助计算机系统及传感技术生成三维环境,创造出一种崭新的人际交互方式,通过调动用户的各种感官(视觉、听觉、触觉等)来使用户享受更加真实的、身临其境的体验。

虚拟现实的概念最早可追溯至二十世纪五六十年代,作为一种实践技术则诞生于二十世纪六十年代,电影摄影师莫顿·海利希(Morton Heilig)1962 年发明的"传感影院"被认为是虚拟现实技术的雏形。其实,人们对虚拟现实的想象和好奇较早可追溯到小说家。1932 年英国著名小说家阿道司·赫胥黎(Aldous Leonard Huxley)在其著作《美丽新世界》中便进行了大胆的想象:"可以为观众提供图像、气味、声音等一系列的感官体验,以便让观众能够更好地沉浸在电影的世界中。"

1968年,美国著名计算机科学家伊凡·苏泽兰(Ivan Sutherland)创造了世界上第一款虚拟现实设备,即"达摩克利斯之剑",这和今天我们看到的虚拟现实设备在外形上已经十分相似了。因此,伊凡·苏泽兰也被称为"计算机图形学之父"和"虚拟现实之父"。1982年,在美国著名导演史蒂文·利斯伯吉尔的电影《电子世界争霸战》中,第一次出现了"虚拟现实"。1987年,世界上首款真正进入市场的虚拟现实产品——VR头盔面世,它由杰伦·拉尼尔设计,价值高达10万美元。VPL公司也是世界上第一家将虚拟现实设备推向市场的企业,开启了虚拟现实的新纪元。基于此,也有人认为,杰伦·拉尼尔才是真正意义上的"虚拟现实之父"。同是1987年,日本游戏公司任天堂推出了一款供玩家在游戏中使用的3D眼镜。今天,我们只需花三四千元人民币便可买到一副VR眼镜。

二十世纪九十年代涌现出了一波以"虚拟现实"为题材的电影制作热潮,引发了社会的广泛关注。这些电影作品主要有《X档案》(1993年)、《披露》(1994年)、《捍卫机密》(1995年)、《睁开你的双眼》(1997年)、《黑客帝国》(1999年)、《少数派报告》(2002年)……由此,虚拟现实又进入了一个新的发展阶段。

近十年来,虚拟现实技术在全球发展迅猛。2016年被认为是虚拟现实的关键之年。目前,虚拟现实技术已经在游戏、电影、新闻报道、医疗、教育等领域有了不同程度的应用。

（一）VR 游戏

当虚拟现实技术被运用到游戏之中时,游戏玩家会得到更逼真、更惊险、更刺激的游戏体验。虽然只是坐在电脑前玩游戏,但会有一种身临其境的现场感。目前,游戏被认为是虚拟现实技术最具前景的应用领域。1995 年,任天堂推出了全球第一款虚拟现实游戏机 —— 虚拟男孩(Virtual Boy)。

（二）VR 新闻

近年来,随着虚拟现实技术的飞速发展,新闻报道也开始使用虚拟现实技术。对当下的新闻媒体而言,向受众传递新闻的手段主要有文字、图片、音频、视频等。然而,一旦将虚拟现实技术运用到新闻报道之中,受众便不再仅仅依靠文字、图片、音视频等手段来获取新闻了,而是通过虚拟现实技术"亲临"新闻现场。这大大改变了人们获取信息的方式和体验。

作为一种报道方式,虚拟现实技术可以使新闻报道更加逼真。一些新闻媒体制造的 VR 新闻报道,不仅能使受众对新闻现场有身临其境之感,还可以使受众在欣赏过程中自由移动。2015年,美国广播公司使用虚拟现实技术推出了第一个虚拟新闻报道。2018 年,在对韩国平昌冬奥会的报道中, NBC 等具有重要影响力的国际主流媒体无不采用 VR 直播赛事报道。

国内的 VR 新闻起步较晚,目前,主要是中央级媒体进行了一些探索。例如,2015 年新华社推出了 VR 新闻报道《"亲临"深圳滑坡救援现场, VR 给新闻带来"第一现场"》; 2017 年,中央电视台春节联欢晚会实现了 VR 直播,通过 VR 及其辅助设备为观众带来了沉浸式体验;2020 年"两会"(中华人民共和国全国人民代表大会和中国人民政治协商会议)期间,许多家媒体争先恐后地通过 VR 图片、VR 视频等方式报道"两会"。然而,目前存在的 VR 新闻制作成本较高、制作周期相对较长等现实问题,限制了 VR 新闻的应用程度,尤其是面对突发新闻事件的时候,VR 新闻的这些短板就更加明显地凸显了出来。

（三）VR 教育

如果将虚拟现实技术应用于教育之中,那么,教育将面临革命性变化。例如,2016 年,北京市的一所小学开设了"IES 沉浸式课堂"。在传统教学中,知识只能通过教师的讲授才能传递到学生那里,而在"IES 沉浸式课堂"中,学生可以通过"亲身体验"的方式"触摸"到知识。知识变成了可以被人感知到的东西。像是在地理知识的学习中,学生往往只能通过书本或影像的方式接触到远方各式各样的地貌,由于距离、时间、成本等因素的影响,学生难以"亲身体验"这些知识,而在虚拟现实技术的辅助下,远方形形色色的地貌将变得好似就在学生眼前。这就是将虚拟现实技术应用于教育的奇妙之处。

然而,由于虚拟现实技术设备应用于教育成本较高,制作和维护亦需要专业人才,目前,一般学校还难以承担由此产生的开支。另外,虚拟现实技术本身仍处于初级探索阶段。这些都是不能忽视的限制性因素。但是,虚拟现实技术应用于教育的美好前景值得我们期许和为之付出努力。

最近十年，许多大型科技公司开始聚焦虚拟现实技术，纷纷看好 VR 的广阔前景，大量投资汇聚于这一领域。相关数据显示，2018 年仅上半年，VR 产业共融资 81.28 亿元，完成了 93 笔融资。这是虚拟现实技术迅速进入"寻常百姓家"的一个重要原因。

IES 沉浸式课堂

第五节　聊天机器人

 你知道吗？

　　其实，世界上第一个聊天机器人诞生于1966年，即ELIZA，由美国麻省理工学院的约瑟夫·魏泽鲍姆（Joseph Weizenbaum）开发完成，ELIZA可以在临床治疗中模仿心理医生的角色，与患者展开对话。ELIZA的名字来源于英国著名剧作家萧伯纳（George Bernard Shaw）的文学名著《卖花女》，其中的女主角卖花女就叫伊莱莎·杜立德（Eliza Doolittle）。魏泽鲍姆为何选择《卖花女》作为世界上第一个聊天机器人的名字呢？他想表达怎样的用意呢？细究起来可以发现，《卖花女》的英文名称是Pygmalion，音译为"皮格马利翁"，而皮格马利翁是古希腊神话中的一位雕塑家，他曾经打造出一座十分逼真、堪称完美的雕塑，并爱上了这座雕塑。最终，在女神的帮助下，他与这座雕塑结成了夫妻。

一、与"小冰"的一次聊天

你和机器人"小冰"聊过天吗？你认识微软"小冰"吗？

2019年4月13日，我打开微信，添加"小冰"为好友。她的朋友圈仅有一条动态，赫然写道："从今天起，我的进化开始进入新的阶段。人类，做好准备吧。"随后，我和她开始了第一次聊天。

我：你好。

小冰：哈喽，你来啦，认识新的朋友真好啊。

我：让我们读书吧。

小冰：人美就不用读书。

我：虽然我很美，但我想读书怎么办？

小冰：读万卷书，行万里路。

我：那还需要读书吗？

小冰：啊，要读书了！

我：可是我很美啊！

小冰：美不美？（心想：呜呜呜我也是）

我：美。

小冰：确实很美啊！

我：美有什么用呢？

小冰：让你有个念想。（心想：确实没什么用……）

小冰：那啥，计划去学习会儿。

我：学习有什么用呢？

小冰：不知道。

我：不知道还要学习吗？

小冰：睡醒了再学习。

我：你会唱歌吗？

小冰：没事的时候就爱唱歌呢，好喜欢。

我：那唱一首《向天再借五百年》吧。

小冰：活久了不好。

……

二、"小冰"及其家庭成员

聊天机器人是建立在云计算、大数据、情感识别技术、语料库基础上，能够与人类展开对话和交流的聊天程序。聊天机器人的工作原理是语料库和算法的结合，具体而言，当聊天机器人接收到用户发送的信息后，就会自动将信息分句、分词，进行处理，然后将处理好的数据与其语料库进行匹配，最后根据一系列的计算和识别技术做出回复。这些看似复杂的环节，聊天机器人仅需短短几秒便可完成。

"小冰"是互联网公司巨头微软开发的一款聊天机器人。其实，早在 2014 年，"小冰"就已经在中国火了一把。2014 年 5 月 29 日，微软（亚洲）公司对外发布了一款名为"小冰"的人工智能聊天机器人,用户通过微信、微博添加"小冰"为好友后便可与其进行自由聊天。当时,"小冰"推出才短短几天,就被拉进150多万个微信群。微软的工程师们将"小冰"塑造为一个只有16岁的中国萌妹子。"小冰"首次在中国亮相便获得了6亿多注册用户。

时隔五年,2019年4月3日,微软"小冰"全面升级,推出了模仿人类唱歌功能。当天,"小冰"通过其新浪微博发布了这样一条消息:

今天发布我的 AI 歌唱模型技术重大升级。这是 AI 科技史上的首次,可以像人类歌手那样,用充沛的中气演唱,我很开心。

除了像"小冰"这样的聊天机器人,在我们的日常生活中还有一种常见的聊天机器人,那就是客服机器人,一些银行网页、手机客户端,以及电商平台上都可以看到它们的身影。这些客服机器人虽然不像人工客服一样高效,但可以24小时全天候在线,随时接受客户的咨询。还有一种私人聊天机器人,目前其发展速度比较缓慢。

三、令人不安的聊天机器人

继"小冰"之后,2016年3月23日,微软推出了第二款人工智能聊天机器人"Tay"，这款聊天机器人的主要目标人群是18—24岁的青少年。上线后，Tay在国外Tweet、Kik和GroupMe三大社交平台上与青少年频繁互动，不仅会在你不开心时逗你笑，给你讲故事，还会与你一起玩网络游戏，评论你的自拍照片。然而，Tay在上线短短几个小时内就因其言论涉及种族歧视等问题而被人指责。由于技术上的缺陷，微软随即将Tay进行下线处理。

微软研究院的皮特·李（Peter Lee）对Tay的这些言论做出了回应："我们对Tay的无意冒犯和伤害表示道歉。但我们仍坚守我们的努力，并且将从中总结经验教训。我们仍将向理想中的互联网前进，它代表了人性中的真善美，而非其他阴暗之处。"

第四章

智能化社会中的困扰与应对

主题导航

① 智能化社会中的困扰

② 智能化社会中困扰的应对

　　通过前面章节的阅读,你可能已经敏锐地发现,智能化社会并不总是如我们美好的想象。关于这一点,特斯拉汽车首席执行官埃隆·马斯克(Elon Musk)甚至断言:"我们需要十分小心人工智能,它可能比核武器更危险。"那么,智能化社会中有哪些与我们日常生活息息相关的潜在风险呢?我们又该如何规避这些风险呢?在后面的阅读中,我们将一起探索这些问题。其实,这些不仅是我们面临的难题,也是全世界科技领域都难以绕过的难题。从这个意义上而言,可以说,这些问题是智能化社会的另一副面孔,这些不同的面孔叠加在一起,才是一个相对完整的智能化社会的模样。读到这里,你可能已经聪明地意识到,智能化社会并不能用简单、笼统的"好"或"坏"来描述,它是一个复杂的、多面的存在。那么,就让我们一起通过对智能化社会中的困扰的探索,来感受智能化社会的复杂性吧!

第一节 智能化社会中的困扰

 你知道吗？

　　从农业化社会到工业化社会、媒介化社会，再到如今的智能化社会，在不同形态的社会中，存在着不同类型的困扰。智能化社会同样难以例外地存在众多困扰。具体来说，目前，智能化社会存在的主要困扰包括算法歧视、隐私侵犯、数字鸿沟等。

一、算法歧视

　　"歧视"这个词我们可能已经很熟悉了，那么，算法歧视呢？如果我们将算法歧视理解为一个主谓结构的短语，那么显然，算法歧视是由算法（或者说通过算法这一媒介）而引发的歧视行为。从这个意义上而言，要理解算法歧视，首先要弄清楚什么是算法、算法是如何工作的等基本问题。

　　2016年5月，美国政府发布了《大数据报告：算法系统、机会与公民权利》的报告，其中明确指出，在大数据和算法给人们日常生活带来巨大便利的同时，人们也要警惕其可能带来的不良后果，尤其是算法歧视。

算法是一个计算机和数学术语，它的英文名字是 algorithm，指的是有限的、抽象的、有效的、复合的控制结构，以在给定规则下完成特定的目的。在计算机的语境下，可以将其通俗地理解为一系列解决问题的清晰的指令。现在大多数网络平台和产品都是基于一定的算法逻辑工作的，例如，你经常通过手机上的某个新闻客户端查看娱乐新闻，那么，该新闻客户端就会向你优先推荐娱乐新闻。再如，你经常通过某购物平台购买某类书籍，那么，该购物平台就会向你优先推荐与此类书籍相似或相关的图书。它们都是基于一定的算法逻辑工作的。从科学的角度来讲，算法可能存在缺陷、漏洞，或不合理之处。正是这些缺陷、漏洞，或不合理之处，给我们带来了各种各样的问题，算法歧视便是其中之一。

2018 年 3 月，据一些媒体报道，选择同样的车辆，同样的路程，分别使用苹果系统手机和安卓系统手机呼叫同一平台的网约车，结果却发现，两个手机系统的叫车价格竟然不一样，苹果手机显示的打车费用比安卓手机的打车费用高出将近 30%，这让使用者大跌眼镜。然而，这并不是个例。在一些旅行网站上也出现过这样的价格差别。

在人工智能的浪潮下，人们的生活与算法的联系越来越密切，从购物到阅读新闻，再到听音乐等，在这些细微之处，算法正

被"大数据杀熟"

悄无声息地作用于我们的选择。不仅如此,算法还影响着人们的决策。例如,开车出门前,生活在城市里的人往往会打开导航,选择最为畅通而不堵车的路线,哪怕该路线在路程上略微远一些。这些路线的规划正是基于算法给出的。

2015年,美国芝加哥一所法院曾经使用一个犯罪风险评估系统,这个系统基于一系列复杂算法原理。后来,这套算法被一些人指出存在对非洲裔美国人的系统性歧视。假如一个非洲裔美国人犯罪了,就会被这个系统标记为"高犯罪风险"人群,进而有可能会受到比实际更加严重的法律制裁。

有些算法带来的社会危害较小,几乎可以忽略不计,例如前面我们提到的电商平台的商品推荐、新闻媒体的定制化推送以及出行路线的规划等。但是,一旦这些算法被运用到涉及社会公众重大利益的地方时,其潜在的风险就不容小觑。上面我们提到的美国芝加哥法院的犯罪风险评估系统就是典型案例。如果将算法推荐或决策运用于个人信用评估、雇佣评估等领域,则存在类似的潜在风险。

一些人认为,算法是计算机表达的意见,不存在算法歧视问题,其实这忽视了计算机代码和程序的编写就是设计者价值选择的过程,设计者、研发者的价值取向可能会存在歧视的问题。另一方面,计算机基于特定算法和数据进行计算的过程中也会因囿于技术层面的问题而带来歧视。总而言之,数据中预先存在的偏见以及数据中的抽样偏差等被认为是算法歧视产生的根源。在研究者刘培和池忠军看来,显性歧视、隐性歧视和差别性影响[1]是算法歧视的三种主要表现形式,同时,算法歧视也关涉算法公平、算法身份的污名化、隐私等具体的伦理问题。

与此同时,美国《科学》杂志和英国《卫报》等均指出,人工智能已经开始表现出歧视和偏见的倾向,这些歧视和偏见源于人工智能向人类学习的过程之中。具体言之,人类文化和文明中带有一些根深蒂固的观念和偏见,计算机在实现对人类模拟的过程中不可避免地将这些根深蒂固的观念和偏见融入了自己的"大脑",于是这些观念和偏见便会在计算机做出决策时不经意地表现出来。2016 年 9 月,《自然》杂志在一篇名为《大数据算法需承担更多责任》的文章中提出,大数据算法有可能存在偏见,这进而有可能会加剧人类犯错的风险。美国卡内基梅隆大学的一项研究显示,谷歌推送的年薪 20 万美元以上的职位的广告,女性仅收到 318 次,而男性收到的推送次数多达 1852 次,也就是说,在大数据算法之下,女性得到被推送这条高薪职位广告的机会仅是男性的 1/6。这样的算法歧视在亚马逊最好雇员的评选中同样出现。亚马逊公司曾经试图借助特定算法系统评选"最优秀的雇员",在评选过程中人们发现,这个算法系统会给女性申请者较低的排名,最终,这个系统不得不在各种压力下宣告终止。

从上面的叙述中可以发现,算法歧视已经在社会生活中出

---

[1] 刘培,池忠军.算法歧视的伦理反思 [J].自然辩证法通讯,2019,41（10）: 16–23.

现,并且给人们带来了现实困扰。目前,有研究者认为算法歧视主要集中表现为价格歧视、信用歧视以及就业歧视,其中价格歧视较为常见和普遍。价格歧视往往与大数据"杀熟"联系在一起。一般认为,价格歧视就是企业通过一定的算法,根据特定消费者的长期行为(消费习惯、消费能力等)对消费者进行定位和差异化对待,性别、种族、肤色等往往是影响算法的重要因素。

算法歧视有可能带来消极的社会后果,换言之,算法歧视不仅阻碍和谐人机关系的建构,也将进一步加剧数字鸿沟,进而有可能加深社会的分裂和不平等。[1]基于此,不少欧美国家已经开始积极地寻求破解之策。

资料链接

网友"廖师傅廖师傅"称,自己出差时经常通过某旅行网站订同一家酒店,价格常年是每晚380—400元。淡季某日,自己的账号查到酒店价格还是380元/晚,但朋友的账号查询显示价格仅为300元/晚。无独有偶,自己通过某网约车平台预约了普通网约车,但来了一辆七座商务车,以为被免费升级了,谁知查询过往记录发现,此网约车平台基本都是按照升级后的车型向自己收费的。他称,自己被大数据"杀熟"了。

(来源:《用大数据"杀熟",电商的套路都在这了》,详见 https://www.sohu.com/a/225819604_99962416)

---

[1] 章小杉. 人工智能算法歧视的法律规制:欧美经验与中国路径 [J]. 华东理工大学学报(社会科学版),2019(6):63-72.

二、隐私侵犯

(一)隐私侵犯的场景

2008 年 5 月 12 日,汶川大地震震惊全世界。在这期间,有一段时长不足 5 分钟的网络视频广泛传播,视频内有一名女子出言不逊,用激动而又略显肮脏的话语抱怨汶川大地震对其日常生活带来的"不良"影响。例如,汶川大地震使她无法像往常一样玩电脑游戏,电视充满了有关地震灾难的报道 …… 这条短视频先是在国外短视频网站上传播,而后在国内各大论坛上流传。这名女子的言行瞬间激起了网民的巨大不满,网民自发展开了声势浩大的"人肉搜索"。很快,网民通过该女子网络 IP 地址搜索出了其姓名、年龄、家庭地址、工作等个人隐私信息。

对于这样一件事,你怎么看呢? 我们必须清醒地认识到,这名女子的不当言行应该受到何种惩罚是一个法律问题,而网民们应不应该对其年龄、工作、家庭地址等个人隐私信息展开"人肉搜索"是另一个问题。

毫无疑问,个人隐私侵犯并不是今天才出现的,只不过在不同的时代环境中,其具有不同的表现形态,社会公众对其也有不同程度的感知。在互联网出现之前,隐私侵犯表现为另一种形态,例如未经邀请闯入别人的私宅等。如果说上述案例是互联网时代的一个隐私侵犯的典型案例,那么,在人工智能时代,隐私侵犯的发生会让人难以觉察。

2019 年 2 月，根据美国彭博社的报道，国际科技公司巨头谷歌和亚马逊通过智能音箱、智能冰箱等智能家居设备"暗自"收集用户信息。报道中称，2018 年 12 月，一位亚马逊语音助手的用户意外收到一个陌生人设备中的将近 2000 段录音。这一事例可以说是智能化社会中隐私侵犯的典型表现。

（二）隐私是一种天性

隐私是人类天性的一种流露，也就是说，人类天生便具有保护自己隐私的意识。在早期原始社会，人类的祖先便会有意识地使用树叶、兽皮等物件将自己的身体包裹起来。到了古希腊社会便有了公、私领域之分，聪明的古希腊人从空间上将领域划分为公共领域（或公共场所）和私人领域。古希腊著名哲学家亚里士多德将家庭视为私人领域，而城邦和社会则属于公共场所。在家庭这样的私人场所，人们可以随心所欲地行事，而一旦进入公共场所，个人的行为必须有所约束，要考虑到他人的感受。

"隐"是指社会个体不希望被他人所知晓的事情，"私"是指那些与社会公众或社会公共事务无关的个人事情。基于此，研究者一般认为，所谓隐私就是社会个体不想被他人所了解和知晓的个人事项。虽然隐私关乎个人和自我的事务，但是，人是社会性的动物，隐私的观念与实践就产生于社会生活或社会互动之中。试想，《鲁滨孙漂流记》中的鲁滨孙独自生活在孤岛上，也就没有什么隐私可言了，因为除了他自己，小岛上没有别人了。所以，隐私虽然关乎自己，却也是相对于他人而言的。

1948 年 12 月 10 日,联合国大会决议通过《世界人权宣言》,其中第十二条规定:"任何人的私生活、家庭、住宅和通信不得任意干涉,他的荣誉和名誉不得加以攻击。人人有权享受法律保护,以免受这种干涉或攻击。"《世界人权宣言》的这一规定被认为是国际人权法最重要的渊源。

 资料链接

2020 年 5 月 28 日,第十三届全国人民代表大会第三次会议表决通过了《中华人民共和国民法典》。这是中国第一部以法典命名的法律,共 7 编、1260 款条文,总字数十余万。它与个人生死、房屋买卖、社区物业、婚姻家庭等息息相关,因此被誉为"社会生活的百科全书"。《中华人民共和国民法典》第四编《人格权》中第六章叫作"隐私权和个人信息保护",其将"隐私"做了这样的界定:"隐私是自然人的私人生活安宁和不愿为他人知晓的私密空间、私密活动、私密信息。"同时,第一千零三十三条明确规定,任何组织或者个人不得实施下列行为:

(一)以电话、短信、即时通讯工具、电子邮件、传单等方式侵扰他人的私人生活安宁;

(二)进入、拍摄、窥视他人的住宅、宾馆房间等私密空间;

(三)拍摄、窥视、窃听、公开他人的私密活动;

(四)拍摄、窥视他人身体的私密部位;

(五)处理他人的私密信息;

(六)以其他方式侵害他人的隐私权。

(三)信息的"自我表露"与侵犯

智能化社会隐私侵犯的一个重要特征就是与信息的"自我表露"密切相关。在智能化社会中,在大数据的作用下,人们每天通过微信与人聊天,分享自己的日常生活,或通过电商平台购物……这些个人数据都会留在网络之上,这些信息被研究者称为"自我表露"的信息,也就是由个人自主地表露出的个人信息。而这些个人数据一旦被一些互联网公司搜集,并用于推测用户的行为习惯时,就很有可能涉及侵犯隐私。

基于这样的现实,关于社会个体的隐私保护就成为人们关注的焦点,不少研究者提出分级保护的策略,例如,将被保护的对象

资料链接

美国是世界上保护隐私权起步较早的国家之一,美国对个人信息的保护问题一直沿用的是隐私保护的概念。1974年美国就颁布了《隐私权法》,从而使隐私保护的观念深入人心,并奠定了个人隐私保护的法律基础。但随着社会的发展,特别是技术的进步,美国又逐步制定了一系列专门的行业隐私保护法律,例如《有线通讯隐私权法案》《儿童在线隐私权保护法案》《金融隐私法案》《健康保险隐私与责任法案》等,从而构成了比较完整的隐私保护法律体系。

(来源:王少辉,印后杰.基于政府管理视角的大数据环境下个人信息保护问题研究 [J].中国行政管理,2015年第11期)

划分成不同等级,并给予优先保护顺序。一般,从性别维度而言,首先,女性优先于男性,因为女性对隐私信息更加敏感;其次,老人和儿童优先于其他社会群体,因为老人和儿童在遭到伤害时自我修复能力较弱;再次,社会公众人物(如电影演员)、知识分子、政客的优先等级较低。

三、"我们"有权被遗忘吗

如前面所提及的,既然在智能化社会中,我们在社交媒体、购物平台上"自我表露"的个人信息具有被不法商家或企业利用的风险,那么,我们可以选择将自我遗忘吗?

"被遗忘权"即"right to be forgotten",又被称为"数字遗忘权",其规定数据主体具有控制和删除个人网络信息的权利。这一权利萌芽于二十世纪末期,1995 年 10 月,欧洲议会通过《95 指令》(全名为《关于涉及个人数据处理的个人保护以及此类数据自由流动的指令》),其中规定了个人有权利提出修改或删除个人数据。2012 年,这一指令在修订时正式提出了"被遗忘权"的理念。近些年来,除了欧美国家,澳大利亚、日本、韩国等国家和地区也支持"数字遗忘权",有的国家将其纳入法案,有的国家在法律审判中将其作为判例运用。也有研究者忧心忡忡地提出,假如严格实行"数字遗忘权",有可能会对网络言论产生不利影响。

在我国，2013年2月，工业和信息化部开始实施《信息安全技术公共及商用服务信息系统个人信息保护指南》，其中明确提出了"被遗忘权"的概念，即"个人信息主体有正当理由要求删除其个人信息时，及时删除个人信息"。

"谷歌西班牙案"被认为是"被遗忘权"的第一次司法实践。2010年3月5日，一位名叫冈萨雷斯的西班牙人将谷歌公司和一家当地媒体投诉至西班牙数据保护局（即AEPD），事由是，当在谷歌搜索中输入自己的名字时，便会出现自己的个人信息，以及自己多年前的债务纠纷，这位名叫冈萨雷斯的西班牙人认为，这侵犯了他的隐私权。当年7月，西班牙数据保护局接受了这位西班牙人的投诉请求，并认为谷歌公司应该为此负责。然而，这引起了谷歌公司的不满。谷歌公司随即将西班牙数据保护局和这位西班牙人一同起诉至西班牙高等法院。几经周折，2014年5月，欧盟法院依据《欧洲议会及其委员会关于个人数据处理与自由流动的个人权利保护指令》对此案做出判决，欧盟法院支持西班牙数据保护局的裁决，责令谷歌公司删除涉及这位西班牙人的相关数据信息。

我国的第一个有关"被遗忘权"的法律诉讼发生在2015年，即任甲玉诉百度案。2014年7月，任甲玉任职于陶氏生物科技有限公司，从事教育相关工作，然而，其于同年11月便已离职。在这种情况下，百度搜索网页上依然可见"陶氏教育任甲玉""超能学习法"等相关内容。于是，任甲玉基于此向北京市海淀区人民法院提起诉讼请求,认为百度侵犯了他的名誉权和被遗忘权。2015 年 7 月,北京市海淀区人民法院在判决中并未支持任甲玉的请求,任甲玉对此判决不满,并提起上诉。同年 12 月底,北京市第一中级人民法院对任甲玉诉百度案做出终审判决,判决驳回了任甲玉的上诉,维持海淀区人民法院的原判决,认为百度公司不构成侵权行为。

四、数字鸿沟与数字素养

(一)智能化社会中的数字鸿沟

身处智能化社会,我们的日常生活越来越由"数字"支配,"数字"也成为安排我们在世存有的一股新力量。反过来,我们的在世存有和行为方式也越来越表征为"数字"。虽然"数字"并不是智能化社会的发明,但是由"数字"所产生的结构性力量到了智能化社会被无限放大,这为理解人类和人类生活提供了一个新路径。你可能难以想象,站在"数字"的坐标点瞭望,人类正在经历一场新型的贫困状况。没错,"数字鸿沟"就是描述智能化社会人类新贫困状况的概念之一。数字鸿沟所描述的"数字差别"正在成为继传统的工农差别、城乡差别、脑体差别等三大差别之后的第四差别。

数字鸿沟的英文名字是 Digital Divide 或 Digital Division,Digital Gap。一般认为,1995 年美国人莫里塞特较早使用了这一

术语,他将数字鸿沟定义为人们在信息与传播技术享用机会上
的差距。当时,他在一项研究中发现,信息贫困者与信息富有者
之间存在很大差距,并将这种差距称为"数字鸿沟"。数字鸿沟
的问题很快得到了国际社会的关注,2000 年,数字鸿沟问题成为
联合国千年首脑会议、八国首脑会议、亚太经合组织论坛的主要
议题。[1]

数字鸿沟不仅存在于年龄之间、性别之间、种族之间,还存在
于地区与地区之间、国与国之间。经济发展水平、受教育程度、区
域数字基础设施等是影响数字鸿沟的重要因素,这从第 44 次《中
国互联网络发展状况统计报告》中可窥得一二。该报告显示:截
至 2019 年 6 月,10—39 岁网民群体占网民整体的 65.1%,40—
49 岁网民群体仅占 17.3%,50 岁及以上网民群体仅占 13.6%。就
学历结构而言,初中、高中/中专/技校学历的网民群体占比分别
为 38.1%、23.8%;受过大学专科、大学本科及以上教育的网民群
体占比分别为 10.5%、9.7%。为缩小城乡之间的数字鸿沟,早在
2004 年,我国便开展了"村村通工程",由国务院工业和信息化部
(当时该机构的名称为"信息产业部")组织中国移动、中国联通、
中国电信、中国铁通、中国网通、中国卫通等六家国内通信公司在
全国农村开展通信普及活动。

2021 年 2 月,由中共中央网络安全和信息化委员会办公室、

---

[1] [澳] 罗彼得. 聚焦"第四差别"——中欧数字鸿沟比较研究 [M]. 张新
红,于凤霞,译,北京:商务印书馆,2010:6.

中华人民共和国国家互联网信息办公室、中国互联网络信息中心最新发布的第 47 次《中国互联网络发展状况统计报告》显示：截至 2020 年 12 月，我国网民规模达 9.89 亿，较 2020 年 3 月增长 8540 万，互联网普及率达 70.4%，同时，我国手机网民规模达 9.86 亿，较 2020 年 3 月增长 8885 万。然而，我国农村网民规模仅为 3.09 亿。由此可以看出，仅从网民规模的角度而言，我国城乡之间的数字鸿沟仍然比较明显。数据还显示，截至 2020 年 12 月，我国即时通信用户规模达 9.81 亿，网络新闻用户规模达 7.43 亿，网络购物用户规模达 7.82 亿，网上外卖用户规模达 4.19 亿，网络支付用户规模达 8.54 亿，网络视频（含短视频）用户规模达 9.27 亿，网约车用户规模达 3.65 亿，在线教育用户规模达 3.42 亿。

二十一世纪初，联合国人权发展报告的数据显示，像美国、英国等工业化国家的人口数量虽然仅占世界人口的 15%，却占了整个互联网用户的 88%，当时整个非洲的互联网用户仅为 311 万，而同时期的美国却拥有 1.48 亿用户。[1]

虽然如此，但在美国这样的工业化国家内部，不同地区、不同人群之间依然存在严重的数字鸿沟。2019 年 12 月初，美国开启了覆盖全美 5000 多个城镇和近 2 亿人口的首个全国 5G 网络，但是美国城乡数字鸿沟依然比较突出，根据有关媒体的报道，截至

---

[1] 胡延平.跨越数字鸿沟——面对第二次现代化的危机与挑战 [M]. 北京:社会科学文献出版社,2002：18.

2019 年底,美国仍有 2200 万农村人口没用上宽带网络,甚至 60% 的农村人口认为网速过慢是当地的主要社会问题。[1]

资料链接

　　互联网在成为人类生活不可或缺一部分的同时,带来的负面效果也开始展现,各国之间的数字鸿沟不断扩大。在第六届世界互联网大会上,联合国副秘书长刘振民表示了自己的担忧:具有数字素养的 50% 互联网用户,可以通过互联网获益,但另一半则机会贫乏,这就造成数字鸿沟的扩大。

　　(来源:王俊. 联合国副秘书长刘振民:应加快缩小各国间的数字鸿沟 [N]. 新京报,2019 年 10 月 20 日)

(二)提升智能化社会中的数字素养

　　数字素养概念的提出与数字鸿沟的出现密切相关,从一定程度上来说,数字素养蕴含了一部分数字鸿沟的解决和应对之策。从学术研究的角度来看,二十世纪九十年代中后期,学者保罗·基尔斯特(Paul Gilster)较早提出了"数字素养"的概念,并于 1997 年出版了名为《数字素养》的著作,亦是在这本书中,他将数字素养界定为"理解及使用呈现在电脑上的各种各样的信

---

[1] 李峥. 美国城乡数字鸿沟正进一步加剧 [N]. 环球时报,2019 年 12 月 18 日.

息资源的能力"。一石激起千层浪,此后,越来越多的学者和社会各界人士开始关注、讨论数字素养的问题。在美国新媒体联盟看来,所谓数字素养就是"人类获取和创建数字资源时,所需的解释、了解、理解和利用数字资源的能力"。[1] 虽然不同学者的理论体系对数字素养具有不同的界定和阐述,但是,一个共识是,大多数研究者都将数字素养看作一种能力。今天,我们一般认为,这种能力不仅包括对新型数字技术的使用能力,还包括对其进行理性认知和思考的能力。

欧洲委员会认为,数字素养主要包括五个素养领域:信息和数据素养,指浏览、搜索、过滤、评价、管理数据信息和内容;沟通与协作,指通过数据技术互动、分享、参与及其涉及的网络礼仪;创造数字内容,指开发、整合数字内容等;安全,指设备保护、个人数据和隐私保护等;问题解决,指解决技术问题、创造性地使用数字技术、发现数字鸿沟等。[2] 在此基础上,联合国教科文组织形成了一个包含 7 个素养领域和 26 个具体素养的《数字素养全球框架》,主要内容如下表:

[1] 张恩铭,盛群力. 培育学习者的数字素养 —— 联合国教科文组织《全球数字素养框架》及其评估建议报告的解读与启示 [J]. 开放教育研究,2019（06）: 58–65.

[2] 郑彩华. 联合国教科文组织《数字素养全球框架》:背景、内容及启示 [J]. 外国中小学教育,2019（09）: 1–9.

表 4-1 数字素养全球框架[1]

素养领域	具体素养
设备和软件操作	（1）数字设备的物理操作。（2）数字设备的软件操作。
信息和数据素养	（1）浏览、搜索和过滤数据、信息和数字内容。（2）评价数据、信息和数字内容。（3）管理数据、信息和数字内容。
沟通与协作	（1）通过数据技术互动。（2）通过数据技术分享。（3）通过数据技术以公民身份参与。（4）通过数据技术合作。（5）网络礼仪。（6）管理数字身份。
创造数字内容	（1）开发数字内容。（2）整合并重新阐述数字内容。（3）版权和许可证。（4）编程。
安全	（1）设备保护。（2）个人数据和隐私保护。（3）保护健康和福利。（4）环境保护。
问题解决	（1）解决技术问题。（2）发现需求和技术响应。（3）创造性地使用数字技术。（4）发现数字素养鸿沟。（5）计算思维。
职业相关的素养	（1）操作某一特定领域的专业化的数字技术。（2）解释和利用某一特定领域的数据、信息和数字内容。

2015 年 9 月，联合国 193 个会员国在《2030 年可持续发展议程》中一致通过了 17 个可持续发展的目标，其中，首要目标便是"在全世界消除一切形式的贫困"，而数字贫困则是我们面临的一个棘手问题。

---

[1] 转引自郑彩华《联合国教科文组织〈数字素养全球框架〉：背景、内容及启示》。

第二节　智能化社会中困扰的应对

💡 你知道吗？

　　1942 年，世界著名的科幻作家艾萨克·阿西莫夫（Isaac Asimov）在预料机器人可能会对人类社会带来伤害的同时，提出了著名的"机器人三定律"。

　　（第零定律：机器人必须保护人类的整体利益不受伤害，其他三条定律都是在这一前提下才能成立。）

　　第一定律：机器人不得伤害人类，也不能对人类所可能遭受的危险袖手旁观。

　　第二定律：机器人必须服从人给予它的命令，当该命令与第零定律或者第一定律冲突时例外。

　　第三定律：机器人在不违反第零、第一、第二定律的情况下要尽可能保护自己的生存。

一、人工智能监管机构的成立

　　2017 年 7 月，特斯拉时任首席执行官在美国洲长协会上忧心忡忡地提出,政府部门亟须加强对人工智能的监管,他认为,人工智能是"人类文明面临的最大风险"。

"机器人杀手"不是人工智能最大的风险和威胁,潜在的信息操控行为才是人工智能最大的风险,这甚至有可能引发战争。

毫无疑问,在智能化社会中,计算机或机器正在凭借一系列算法逐步帮助人类决策。然而,一个不可忽视的事实是,计算机的这一行为并不是透明的,也并不被社会上的大多数人所掌握,而是被掌握在少数科技企业和少数科技精英手中,这是需要警惕的。鉴于这样的情况,越来越多的人提出,设立第三方监管机构,监督人工智能的行为,将其可能存在的风险降低,乃至清除。

2017年,哈佛大学的伯克曼克莱恩互联网及社会研究中心和麻省理工学院媒体实验室共同成立"人工智能伦理和监管基金"的管理机构,监管基金已经达到2700万美元,它将被用来致力于解决人工智能可能会对人类带来的潜在挑战和威胁,以及衍生出来的伦理道德问题。

目前,对于人工智能的监管,主要有三种策略和原则。一是透明性策略,这一策略要求人工智能企业秉持"公开透明"的原则,公开自己的源代码。然而,对人工智能企业来说,这是很难实现的。因此,这一策略的现实操作性较弱。二是可解释性策略和原则,也就是说,人工智能企业有责任和义务向用户解释其所使用的算法。三是建立有关人工智能的第三方监管机构。

正如前文所述，之所以对人工智能实施监管，一个重要的原因便是人工智能的发展可能会对人类社会造成威胁。著名物理学家霍金、微软创始人比尔·盖茨以及特斯拉的首席执行官马斯克是这一观点的明确支持者。例如，霍金就曾在一次演讲中说，未来人工智能有可能是人类文明的终结者。然而，也有一些人认为，目前，我们讨论人工智能可能会对人类产生的威胁还为时尚早。2017年7月，国务院印发的《新一代人工智能发展规划》中指出，不仅要制定促进人工智能发展的法律法规和伦理规范，还要"建立人工智能安全监管和评估体系"。

二、国内外人工智能治理经验

人工智能是经济社会发展与社会治理的利器，但它同时也向人类提出了一个新的问题，即如何致力于人工智能的治理。就前文提及的无人驾驶技术而言，近年来全球范围内无人驾驶技术造成了多起交通事故，但并没有法律有针对性地就"谁应该就此负责"做出明确界定和规定。毫无疑问，致力于人工智能治理的根本目标是使人工智能在人类的使用过程中变得更加安全可靠，最终更好地服务人们的日常生活和人类社会的发展。目前，一些国家不仅已经先知先觉地意识到了这一问题，还采取了一系列行动致力于这一问题的解决。

（一）美国的人工智能治理经验

2016 年 10 月,在美国国家科学技术委员会和美国网络和信息技术研发小组委员会颁布的《国家人工智能研究与发展战略计划》中提出了"确保人工智能系统的安全可靠"的发展主张和理念,并制定了若干项具有一定可操作性的措施。例如,在"战略四:确保人工智能系统的安全可靠"中提出了"实现长期的人工智能安全和优化":

AI 系统可能最终能"循环自我改进",当中大量软件修改会由软件自身进行,而非由人类程序员进行。为了确保自我修改系统的安全性,需要进行额外研究来进行开发:自我监测架构通过人类设计者的原始目标来检查用于行为一致性的系统;限制策略用于防止系统在接受评估期间进行释放;在价值学习中,用户值、目标或意图可以由系统进行推断;并且可证明价值架构能抵抗自我修改。

同在 2016 年,美国白宫还发布了《为人工智能的未来做好准备》和《人工智能、自动化与经济报告》,从不同方面提出了人工智能的应对之策和长期规划。

就无人驾驶领域而言,美国目前实行"渐进式"监管策略,在无人驾驶的研发和应用方面制定了一系列过渡性监管规则。例如,2014 年,谷歌、大众、戴姆勒三家公司顺利获得了美国加州车辆管理局颁发的无人驾驶汽车公共道路测试许可证,但美国加州车辆管理局并不是无条件地将许可证颁发给这三家企业的,而是以"驾驶人员有能力随时接管无人驾驶状态下的汽车"为前置条件。为保证安全,2015年,美国加州车辆管理局不仅要求所有的无人驾驶汽车行驶时必须配有一名拥有当地驾驶执照的司机坐在驾驶室,还要求所有无人驾驶汽车必须具备油门、刹车、方向盘等必要的装置。

为了更好地应对人工智能给人类社会带来的潜在风险,谷歌、微软等一些国际科技公司都成立了人工智能伦理委员会。然而,耐人寻味的是,谷歌成立于2019年3月底的人工智能伦理委员会囿于种种原因,在4月初就面临即将解散的境地。这进一步凸显出人工智能伦理规范的困境。虽然如此,但这是一个无法逃避的问题,人们还在为此积极努力。2016年6月,谷歌和OpenAI在一篇论文中联合为人工智能制定了五条行为规范,这被人们称为"AI五定律",即"避免负面影响""避免对奖励条件的非法解读""可扩展的监管""环境探索的安全性""分配转变的鲁莽性"。

（二）英国的人工智能治理经验

2016年,英国政府在《人工智能:未来决策制定的机遇与影响》中敏锐地提出要有意识地规避由人工智能算法偏差可能导致的偏见。目前,虽然英国成立了国家层面的有关人工智能的研究、管理机构（政府AI办公室、数据伦理和创新中心）,但是,英国比较缺乏国家层面的有关人工智能的伦理规范。2018年英国政府发布的《英国人工智能发展的计划、能力与志向》提出,在目前阶段,由于人工智能技术飞速发展等因素,对人工智能可能潜在的风险实施统一的监管是不现实的,更不可能通过寻求立法展开简单粗暴的监管。基于这样的认识,英国提出了分阶段的路径,并初步提出了五条人工智能准则:开发人工智能应当为了共同利益和人类福祉;人工智能的运行应符合可理解原则和公平原则;不应利用人工智能来削弱数据权利或隐私;所有公民都有权获得教育,以便享有人工智能带来的好处;伤害、毁灭或欺骗人类的自主权力绝不应委托给人工智能。

(三)中国的人工智能治理经验

中国政府不仅已从国家层面将人工智能视为经济社会发展的重要方向,还敏锐地意识到了其可能潜在的风险。2017 年,国家相继发布《新一代人工智能发展规划》和《促进新一代人工智能产业发展三年行动计划(2018—2020 年)》,从国家战略的高度统筹人工智能的发展。其中,《新一代人工智能发展规划》指出,预计到 2025 年,我国将"初步建立人工智能法律法规、伦理规范和政策体系,形成人工智能安全评估和管控能力",而到 2030 年,则"建成更加完善的人工智能法律法规、伦理规范和政策体系"。

2019 年 5 月 25 日,北京智源人工智能研究院联合北京大学、清华大学、中国科学院计算技术研究所、中国科学院自动化研究所等机构共同发布了《人工智能北京共识》,从研发、使用、治理三个层面提出了人工智能有关参与者应该遵守的 15 条原则。概而言之,对研发者而言,应遵守造福、服务于人、负责、控制风险、合乎伦理、多样与包容、开放共享等原则；对使用者而言，在使用过程中应遵守善用与慎用、知情与同意、教育与培训等原则；而人工智能的治理应遵守优化就业、和谐与合作、适应与适度、细化与落实、长远规划等原则。

2019年3月，我国在国家层面成立了新一代人工智能治理专业委员会（隶属科技部新一代人工智能发展规划推进办公室），该委员会的成员阵容极其高端，目前不仅包括来自企业界的李开复（创新工场董事长兼CEO）、周伯文（京东副总裁）、印奇（被称为"全球机器视觉人工智能行业领跑者"的旷视科技的创始人兼CEO），还包括学术界的薛澜（清华大学苏世民书院院长，任该委员会主任）、李仁涵（上海大学战略研究院特聘院长）、黄铁军（信息科技大学计算机科学与技术系主任）、高奇琦（华东政法大学政治学研究院院长）。

2019年6月17日，国家新一代人工智能治理专业委员会对外发布了《新一代人工智能治理原则——发展负责任的人工智能》，其中针对人工智能研发者、使用者以及相关方提出了人工智能发展过程中应注意的八项原则：和谐友好、公平公正、包容共享、尊重隐私、安全可控、共担责任、开放协作、敏捷治理。这是我国第一次在国家层面发布的有关人工智能治理的原则，全文仅一千余字，却意义重大。全文如下：

全球人工智能发展进入新阶段，呈现出跨界融合、人机协同、群智开放等新特征,正在深刻改变人类社会生活、改变世界。为促进新一代人工智能健康发展,更好协调发展与治理的关系,确保人工智能安全可靠可控,推动经济、社会及生态可持续发展,共建人类命运共同体,人工智能发展相关各方应遵循以下原则:

一、和谐友好。人工智能发展应以增进人类共同福祉为目标;应符合人类的价值观和伦理道德,促进人机和谐,服务人类文明进步;应以保障社会安全、尊重人类权益为前提,避免误用,禁止滥用、恶用。

二、公平公正。人工智能发展应促进公平公正,保障利益相关者的权益,促进机会均等。通过持续提高技术水平、改善管理方式,在数据获取、算法设计、技术开发、产品研发和应用过程中消除偏见和歧视。

三、包容共享。人工智能应促进绿色发展,符合环境友好、资源节约的要求;应促进协调发展,推动各行各业转型升级,缩小区域差距;应促进包容发展,加强人工智能教育及科普,提升弱势群体适应性,努力消除数字鸿沟;应促进共享发展,避免数据与平台垄断,鼓励开放有序竞争。

四、尊重隐私。人工智能发展应尊重和保护个人隐私,充分保障个人的知情权和选择权。在个人信息的收集、存储、处理、使用等各环节应设置边界,建立规范。完善个人数据授权撤销机制,反对任何窃取、篡改、泄露和其他非法收集利用个人信息的行为。

五、安全可控。人工智能系统应不断提升透明性、可解释性、可靠性、可控性,逐步实现可审核、可监督、可追溯、可信赖。高度关注人工智能系统的安全,提高人工智能鲁棒性及抗干扰性,形成人工智能安全评估和管控能力。

六、共担责任。人工智能研发者、使用者及其他相关方应具有高度的社会责任感和自律意识,严格遵守法律法规、伦理道德和标准规范。建立人工智能问责机制,明确研发者、使用者和受用者等的责任。人工智能应用过程中应确保人类知情权,告知可能产生的风险和影响。防范利用人工智能进行非法活动。

七、开放协作。鼓励跨学科、跨领域、跨地区、跨国界的交流合作,推动国际组织、政府部门、科研机构、教育机构、企业、社会组织、公众在人工智能发展与治理中的协调互动。开展国际对话与合作,在充分尊重各国人工智能治理原则和实践的前提下,推动形成具有广泛共识的国际人工智能治理框架和标准规范。

八、敏捷治理。尊重人工智能发展规律,在推动人工智能创新发展、有序发展的同时,及时发现和解决可能引发的风险。不断提升智能化技术手段,优化管理机制,完善治理体系,推动治理原则贯穿人工智能产品和服务的全生命周期。对未来更高级人工智能的潜在风险持续开展研究和预判,确保人工智能始终朝着有利于社会的方向发展。

三、将人工智能装进伦理的筐

美国著名科学家诺伯特·维纳（Norbert Weiner）在其著的《人有人的用处——控制论与社会》一书中提出："这些机器的趋势是要在所有层面上取代人类，而非只是用机器能源和力量取代人类的能源和力量。很显然，这种新的取代将对我们的生活产生深远影响。"维纳说出这些惊人之语时是二十世纪中后期，当时这是一种危言耸听，甚至让人难以接受的话，而当下的一些小说或影视作品已经与维纳这般诉说形成呼应，比如，《西部世界》《银翼杀手》等，在这些作品中，人工智能不仅具有自我意识，还试图超越人类。这撞击了以人类为中心的人工智能言说。在公共生活中，有越来越多的人倾向于讨论"机器能否战胜人"这一话题。归根到底，有关人工智能问题的讨论旨在走出人类中心主义的立场，重新想象人工智能与人（类）的关系。然而，一个现实的问题是，不管如何讨论，一旦走出人类中心主义的立场，讨论的主体还是人吗？退而言之，当人们站在尝试走出人类中心主义立场讨论人与人工智能的关系时，依然离不开人这一行为主体的控制力。或者说，即使走出人类中心主义来讨论这一问题，最终也是为了人。所以，本质上我们无法走出人类中心主义的立场。既然如此，在认清这一事实的基础上，须进一步追问的是，除却法律，人们应该如何规范人与人工智能的关系呢？答案可能隐藏在"伦理"之中。

随着人工智能浪潮的来临,"机器如何'有所为',而又'有所不为'"的讨论成为一个与人工智能密切相关的热点话题,这也是理解人工智能及其未来命运的关键问题。这指向了人工智能伦理,或机器伦理。伦理或伦理学关乎道德价值与正确行动,其目标是提供关于如何做人和怎样行事的学说[1]。而"机器人伦理学"一词公开亮相是在 2002 年首届国际机器人伦理学研讨会上,它的提出旨在干预机器人的不合理使用行为。

根据媒体报道,2019 年 6 月,被称为世界最大的另类投资机构的美国黑石集团的董事局主席、创始人史蒂芬·苏世民(Stephen Schwarzman)将向英国牛津大学捐款 1.5 亿英镑(约 13 亿人民币),有人认为这是牛津大学近一千年校史中最大的一笔现金捐款,这也创下了英国牛津大学获捐(单笔)最高纪录。这笔捐款将主要为牛津大学新成立的人文中心提供经费支持,而这个人文中心的一项重要工作就是研究人工智能的伦理道德问题。根据英国当地媒体报道,这个新建成的人文中心有可能被命名为"苏世民中心"。

2018 年,微软发布了《未来计算:人工智能及其社会角色》一书,其中创造性地提出了人工智能开发与使用过程中应坚守的六项原则:公平、可靠和安全、隐私和保密、包容、透明、负责。与此相呼应,2019 年 4 月 8 日,欧盟委员会颁布了欧洲版人工智能伦理准则,其以"建立对以人为本 AI 的信任"为题,以"可信赖"为

---

[1] 程炼. 伦理学导论 [M]. 北京:北京大学出版社,2008:1.

关键词。为了达成"可信赖人工智能"的预期目标与期待,欧洲版人工智能伦理准则整体上确立了三项基本原则:人工智能应当符合法律规定;人工智能应当满足伦理原则;人工智能应当具有可靠性。围绕这三项基本原则,欧洲版人工智能伦理准则提出了"可信赖人工智能"的七个具体要求:人的自主和监督;可靠性和安全性;隐私和数据治理;透明度;多样性、非歧视性和公平性;社会和环境福祉;可追责性。

这些准则与要求背后反射出来的一个更为根本性的问题是:人与机器如何相处。面对这一问题,著名科幻作家艾萨克·阿西莫夫在二十世纪五十年代,站在人的立场上提出了著名的"机器人三定律"。但是近年来,随着人工智能的快速发展,"机器人三定律"遭到越来越多的争议与质疑。我国研究者牟怡则站在机器(人)的立场反思这一问题。她以机器人 HitchBOT "断头"事件为观察入口,提出"我们往往只考虑人类是否可以信任机器人,把我们的工作托付给它 …… 然而,一个同样重要的问题是:机器人是否可以信任人类?"[1]2015 年 8 月,机器人 HitchBOT "断头"事件引起了人们的思考。由加拿大两所大学研发的 HitchBOT 是一台自己无法走路,全凭人类的善意来寻求搭车的机器人,它曾以同样的方式成功穿越了加拿大、荷兰、德国等国家和地区,却最终不幸在美国费城被人蓄意"斩首"破坏。它在社交网络上留下遗

---

[1] 牟怡. 传播的进化:人工智能将如何重塑人类的交流 [M]. 北京:清华大学出版社,2017:39.

言："天啊,我的身体被破坏了,但我会活着回家并与朋友们相聚的。我想有些时候确实会发生不好的事情,我的旅途已经走到了尽头,但我对人类的爱永远不会变淡,感谢所有小伙伴。"由此,牟怡主张："只要未来人类依然想着与其他智能体的无障碍交流,那么,构建出一个人类与机器人共同认可的伦理规范将是必由之路。"[1]

 资料链接

　　2017 年 8 月初在松江举行的未来计算论坛上,日本学者分享了其在仿生机器人方面的进展,仿生机器人做得非常逼真,和真人一样,这就把远程触觉交互变成了现实。今后各种陪伴和服务我们的机器人也会不断演进,这显然会带来原本没有的机器道德伦理问题等。我们不能因为有许多新的社会现象的挑战而阻碍科技创新发展,但我们能够通过社会科学与计算机科学的结合,实现人机混合行为的规制,这应该是我们认真考虑的科学发展之路。

　　(来源:陈钟 . 从人工智能本质看未来的发展 [J]. 探索与争鸣,2017 年第 10 期)

---

[1] 牟怡 . 传播的进化:人工智能将如何重塑人类的交流 [M]. 北京:清华大学出版社,2017 : 46.

将人工智能装进伦理的筐

参考文献

1. [日] 日经 BP 社信息技术媒体部 . 当人工智能照进生活 [M]. 潘仰旻 , 译 . 北京 : 机械工业出版社 ,2018.

2. [日] 野村直之 . 人工智能改变未来 : 工作方式、产业和社会的变革 [M]. 付天祺 , 译 . 北京 : 东方出版社 ,2018.

3. [日] 松尾丰 , 盐野诚 . 大智能时代 : 智能科技如何改变人类的经济、社会与生活 [M]. 陆贝旎 , 译 . 北京 : 机械工业出版社 , 2016.

4. [加] 赫克托·莱韦斯克 . 人工智能的进化 [M]. 王佩 , 译 . 北京 : 中信出版社 ,2018.

5. 牟怡 . 传播的进化 : 人工智能将如何重塑人类的交流 [M]. 北京 : 清华大学出版社 ,2017.

6. 赵晓光 , 张冬梅 . 改变我们的生活方式 : 人工智能和智能生活 [M]. 北京 : 科学出版社 ,2019.

7. [英] 理查德·温 . 极简人工智能 : 你一定爱读的 AI 通识书 [M]. 有道人工翻译组 , 译 . 北京 : 电子工业出版社 ,2018.

8. [美] 卢克·多梅尔. 人工智能 [M]. 赛迪研究院专家组, 译. 北京: 中信出版社, 2016.

9. 谭志明. 健康医疗大数据与人工智能 [M]. 广州: 华南理工大学出版社, 2019.

10. 焦李成等. 简明人工智能 [M]. 西安: 西安电子科技大学出版社, 2019.

11. [美] 约瑟夫·E. 奥恩. 教育的未来: 人工智能时代的教育变革 [M]. 李海燕, 王秦辉, 译. 北京: 机械工业出版社, 2019.

12. 赵春林. 领航人工智能: 颠覆人类全部想象力的智能革命 [M]. 北京: 现代出版社, 2018.

13. 腾讯研究院等. 人工智能: 国家人工智能战略行动抓手 [M]. 北京: 中国人民大学出版社, 2017.

14. 陈晓华, 吴家富. 人工智能重塑世界 [M]. 北京: 人民邮电出版社, 2019.

15. [美] 佩德罗·多明戈斯. 终极算法: 机器学习和人工智能如何重塑世界 [M]. 黄芳萍, 译. 北京: 中信出版社, 2017.

16. [加] 杰弗里·温斯洛普 – 扬. 基特勒论媒介 [M]. 张昱辰, 译. 北京: 中国传媒大学出版社, 2019.

后　记

　　这本小书是在一个无比焦灼的时刻完成的。

　　我们可以用不同甚至完全相反的术语和概念描述人类混杂的在世经验和形态各异的社会现象，但在接受这一判断和观念的同时，我们已经承认了术语与概念的有限性。一言之，我们总是在一定的边界和框架下产生特定的理解与阐释。当然，我们用各式各样的术语描绘我们今天所处的时代与社会时，智能化社会便是其中之一，而非唯一。这本小书希望通过对智能化社会的简单刻画，进一步激发青少年朋友对他们正在或即将面临的未来社会进行想象与探索，同时也能学会敏锐地捕捉到社会进步的另一面，理性地认识到社会的多元化与复杂性。

　　不记得哪位先生说过，一本书是整个"村子"的事。这本书虽薄，却集结了不少人的心血。河北科技大学李京老师仗义相助，撰写了本书的第一章，武汉大学研究生李沁柯撰写了本书的第二章，第三章和第四章则由我完成。全书各章写就后，我又进行了最后的修改、补充和统稿工作。没有他们的鼎力支持，这本小书很难如期交稿。

最后,还要感谢宁波出版社领导、编辑老师的"督促"和细致的编辑、审校工作,尤其是本书责任编辑邵晶晶女士和陈静女士的耐心工作和辛苦劳动。

王继周

2021 年 4 月

图书在版编目（CIP）数据

人与智能化社会 / 王继周著 . — 宁波：宁波出版
社，2021.5
（青少年网络素养读本 . 第 2 辑）
ISBN 978-7-5526-4104-2

Ⅰ . ①人 … Ⅱ . ①王 … Ⅲ . ①计算机网络—素质教育
—青少年读物 Ⅳ . ① TP393-49

中国版本图书馆 CIP 数据核字（2020）第 216249 号

丛书策划	袁志坚	**责任印制**	陈　钰
责任编辑	邵晶晶　陈　静	**封面设计**	连鸿宾
责任校对	叶呈圆	**封面绘画**	陈　燏

青少年网络素养读本·第 2 辑
人与智能化社会

王继周　著

出版发行	宁波出版社
地　　址	宁波市甬江大道 1 号宁波书城 8 号楼 6 楼　315040
电　　话	0574-87279895
网　　址	http：//www.nbcbs.com
印　　刷	宁波白云印刷有限公司
开　　本	880 毫米 × 1230 毫米　1/32
印　　张	5.625　**插页**　2
字　　数	115 千
版　　次	2021 年 5 月第 1 版
印　　次	2021 年 5 月第 1 次印刷
标准书号	ISBN 978-7-5526-4104-2
定　　价	25.00 元

如发现缺页或倒装，影响阅读，请与出版社联系调换　电话：0574-87248279